우리
학교숲으로
가요
겨울·봄 편

초판 1쇄 인쇄 / 2011년 1월 5일
초판 1쇄 발행 / 2011년 1월 11일

지은이 / '생명의숲' 학교숲 교재개발팀
　　　　이선경·하시연·정수정·오창길·정대수
펴낸이 / 한혜경
편집 책임 / 조은영
디자인 / 김경원
일러스트레이션 / 송란희
펴낸곳 / 도서출판 異彩(이채)
주소 / 135-100 서울특별시 강남구 청담동 68-19 리버뷰 오피스텔 1110호
출판등록 / 1997년 5월 12일 제 16-1465호
전화 / 02)511-1891, 512-1891
팩스 / 02)511-1244
e-mail / yiche7@dreamwiz.com
ⓒ (사)생명의숲, 2011

ISBN 978-89-88621-85-1 03400
　　　 978-89-88621-84-4 (세트)

※값은 뒤표지에 있으며, 잘못된 책은 바꿔 드립니다.

이 도서의 국립중앙도서관 출판시도서목록(CIP)은 e-CIP 홈페이지(http://www.nl.go.kr/ecip)에서 이용하실 수 있습니다.(CIP제어번호:CIP2010004627)

우리 학교숲으로 가요

'생명의숲' 학교숲 교재개발팀

이선경 · 하시연 · 정수정 · 오창길 · 정대수

이채

환경교육론 강의나 연수에서 종종 '자연에 대한 첫 만남'이라고 하는 활동을 하게 되는데, 이 활동에서 참가자들은 투명한 용지에 색이 있는 펜으로 각자가 자연을 만난 첫 경험을 그려 OHP로 보여 줄 수 있도록 만들어 보게 된다. 이를 통해 학생들이나 교사들이 쑥스러워하며 보여 주는 그림 속에는 자연과 아이들이 다양한 형태로 들어 있다. 자갈밭과 다슬기와 돌이 있는 하천에서 수영하는 아이들, 외할머니 댁이 있는 바닷가에서 친척들과 보내는 아이들, 시골집 뜰에 아무렇게나 피어 있던 감나무, 대추나무, 앵두나무, 고추, 상추……, 논에서 우렁이를 잡으면서 친구들과 즐거워하는 아이들, 나무 위에 올라가 나무를 타고 노는 아이들, 무덤가에서 병정놀이하는 아이들, 논에서 일하시는 아버지께 막걸리를 가져다 드리면서 한 모금씩 마신 탓에 흔들거리던 논두렁, 산에서 뱀을 만나서 놀라는 아이들……. 이와 같이 어른인 우리 세대들의 유년 시절에는 이런저런 형태의 자연이 들어 있는데 이는 나무와 풀이 있고, 오염되지 않은 하천이 있고, 그 속에서 여러 가지 놀이를 하면서 놀 수 있었기 때문이다. 그렇다면 아파트가 밀집한 도시에서 사는 아이들의 유년에 대한 기억에는 무엇이 들어 있을까?

장소에 대한 감각의 중요성을 논하는 글을 쓴 윌슨(Wilson, 1997)은 "같은 문화권 내라고 할지라도 서로 다른 지역에서 자란 사람은 다른 문화권에 있는 사람들의 경우보다도 더 다른 태도와 가치, 행동을 발달시킨다"고 하였다. 물리적인 거리나 문화보다는 주변의 환경이 더 중요하다는 것이다. 즉, 도시에서 자란 어린이들은 시골에서 자란 어린이들과 여러 가지로 다르고, 이러한 차이는 종종 아이들의 경험을 통해 발달되는 기능은 물론 아이들이 좋아하거나 싫어하는 것, 두려워하는 것에 반영되어 다르게 나타나게 된다. 따라서 "우리가 환경의 모습을 만들어 나가는 것처럼, 반대로 환경이 우리의 모습을 만들어 나간다"고 해도 과언이 아니다.

    환경교육의 기본은 나와 전혀 관계없는, 추상적인 개념으로서의 '환경'에 대한 이해를 강조하는 것이 아니라, 내가 사는 환경에 대한 탐색과 이의 진가를 이해하는 능력을 키울 수 있도록 도와주는 일이라고 할 수 있다. 그렇다면 '무엇이 특정한 환경을 개인적으로 의미 있게 만들 수 있는가?' 다시 말해 추상적인 환경을 자기화(personalize)할 수 있는가? 환경교육자들은 어린 시절 야외에서 자연과 함께한 경험이 환경에 대한 개인적인 관심을 발달시키는 데 가장 중요한 한 가지 요소가 된다고 주장한다. 이와 같은 경험이 없으면 아이들은 자연 세계를 불편한 것으로 간주하고, 이를 돌보는 방식을 결코 습득할 수 없다는 것이다.

    이런 맥락에서 학교에 숲을 만들고 학생들이 학습할 수 있는 좋은 환경을 만들어 주는 것은 그 의미가 크다고 할 수 있다. 실제로 대부분의 어린아이들이 최초로 자세하게 알게 된 공적인 장소는 유치원이나 초등학교일 것이고, 이때 이후로의 학교 경험은 그들의 삶에 있어 지배적인 힘으로 작용하게 된다. 왜냐하면, 일반적인 학생들이 고등학교를 졸업하기까지 대략 20,000시간 정도를 학교에서 보내기 때문이다. 이들이 제공받는 환경의 질과 본성은 학생들이 무엇을, 어떻게 배우는가에 관련된 주된 요소가 되고 이는 특히 아동기의 경우에 더 영향을 미치게 되므로, 학교에서 제공되는 환경과 그 속에서 이루어지는 학습에 관심을 기울이는 것은 중요하다고 하겠다.

    이 책은 학교숲에 단순히 나무를 심고 숲을 만들어 좋은 환경을 만들어 주는 것에서 벗어나 학교숲을 교육과 접목하고자 할 때 활용할 수 있는 여러 가지 활동을 계절별로 정리한 내용이다. 겨울, 봄을 한 권으로 여름, 가을을 다른 한 권으로 묶었는데, 겨울을 그 시작으로 한 이유는 겉으로 보기에 생명 활동을 멈추고 있는 것처럼 보이는 겨울에도 학교숲에서는 생물들이 생명 활동을 유지하고 있으며, 겨울이 학교숲을 꿈꾸는 활동을 시작할 수 있는 좋은 계절이라는 것 등을 강조하기 위함이다. 또한 봄, 여름, 가을이 진행될수록 학교숲이 풍부해지고 따라서 할 수 있는 활동들도 다양해지게 된다. 각 계절별 활동들은 여건에 따라 다른 계절에도 충분히 활용할 수 있는 내용들이므로 계절의 특성을 고려하되 계절에 너무 얽매이지 않으면 좋겠다.

2005년 시작된 이 교재 집필은 교육 과정 내 학교숲 관련 내용 분석, 교사 등 전문가 의견 수렴, 프로그램 개발, 검토 및 수정 보완 등의 과정을 통하여 완성되었다. 이 책이 만들어지기까지 저자들은 연구팀으로서 5년 동안 환경 교육과 학교숲 활동과 관련된 여러 가지 활동 자료집을 읽고 공부하고 프로그램을 개발하는 과정에서 끊임없이 아이디어를 만들고, 의견을 교환하고 수정, 검토 작업에 참여하였다. 그럼에도 불구하고 적절하지 않은 내용이나 틀린 것이 있다면 전적으로 저자들의 책임이다. 또한 저자의 건강 등 여러 사정으로 인하여 예정보다 책을 너무 늦게 발간한 것을 유감으로 생각한다. 그러나 이제라도 발간된 이 책이 학교숲을 '학습을 위한 장'으로 이용하고자 할 때 충분히 활용될 수 있기를 기대한다.

이 책의 출간을 지원해 준 유한킴벌리, (사)생명의숲 학교숲위원회의 김인호 위원장님과 여러 위원님들, 학교숲 지원팀 활동가들에게 깊은 감사를 드린다. 또한 부족한 원고를 다듬어 근사한 책을 만들어 준 도서출판 이채의 한혜경 대표께도 감사를 표한다. 무엇보다도 마지막까지 고생한 연구진들에게 깊은 감사를 드린다.

2010년 11월 말

대표 저자 이선경

목차

봄

～ 여름·가을 편 목차 ～

여름

가을

아이콘 설명

 초등 저학년, 고학년, 전학년 등 활동 대상에 대한 안내입니다.

 1차시, 2차시, 3～4차시 등 활동 시간에 대한 안내입니다.

 교실, 과학실, 학교숲, 운동장 등 활동 장소에 대한 안내입니다.

 겨울, 봄, 여름, 가을 등 활동 가능한 계절을 표시합니다.

겨울

겉으로 보기에 겨울 숲은 죽은 것처럼 보이고, 그 속에는 아무런 생명도 존재하지 않는 것처럼 보인다. 봄, 여름, 가을 내내 푸르렀던 나뭇잎은 남아 있지 않고, 동물이나 곤충들도 찾아보기가 쉽지 않다. 그러나 겨울에도 학교숲에는 생물들이 생명 활동을 유지하고 있으며, 혹한 속에서 겨울 숲의 생물들이 해야 할 일은 추운 겨울을 잘 이겨내는 것이다. 또한 겨울은 학교숲을 꿈꾸고 준비하는 활동 등 학교숲 만들기를 시작하기에 적절한 계절이다.

겨울의 학교숲에서 다룰 수 있는 주제는 겨울나기, 학교숲 꿈꾸기, 학교숲 준비하기, 숲의 중요성 등이다. 따라서 **우리가 꿈꾸는 학교숲, 우리 학교숲 캐릭터 만들기, 우리 학교에 나무가 없다면, 어젯밤 학교숲에…** 등의 활동을 통하여 학교숲에 어떤 것이 있으면 좋을지 상상해 보고 꿈꾸어 보고, **겨울에도 잎이 푸른 상록수, 추운 겨울을 이겨 내요!, 나무의 겨울눈 관찰하기** 등의 활동을 통하여 생물들의 겨울나기를 탐색하고, **새집 만들기** 활동을 하며, **내가 만든 학교숲 우표, 학교숲 신문 만들기, 학교숲 안내 책자 만들기** 등의 활동을 통하여 학교숲을 홍보할 수 있는 전략을 논의한다.

학교숲 겨울 프로그램은 야외에서 진행하는 프로그램도 있으나 추운 날씨를 고려하여 주로 실내에서 진행할 수 있도록 하는 것이 좋다. 특히 학교숲 꿈꾸기, 학교숲 그리기, 학교숲 신문 만들기 등의 활동은 학교숲 조성 단계에서 사용하기에 적절하다.

겨울

학교숲 꿈꾸기

우리가 꿈꾸는 학교숲
우리 학교숲 캐릭터 만들기
우리 학교에 나무가 없다면
어젯밤 학교숲에…

겨울나기

겨울에도 잎이 푸른 상록수
추운 겨울을 이겨 내요!
새집 만들기
나무의 겨울눈 관찰하기

학교숲 알리기

내가 만든 학교숲 우표
학교숲 신문 만들기
학교숲 안내 책자 만들기

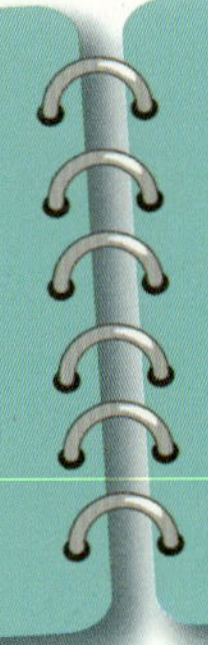

우리가 꿈꾸는 학교숲

이런 활동이에요

학교숲이나 텃밭, 연못을 만들어 보기 전에 미리 학생들이나 학부모, 교사들의 의견을 모아 함께 학교에 도입할 수 있는 여러 가지 생태적인 공간을 상상해 본다. 이 과정이 의미 있는 이유는, 학교에 숲을 만들 때 학교 구성원들의 참여가 중요하기 때문이다. 따라서 이 활동을 통해 학생, 학부모, 교사 등 학교의 구성원들이 학교 운동장 곳곳이 어떻게 바뀌어 갈지, 어떤 공간들이 만들어지기를 원하는지 알아본다. 이 활동을 통해 학교숲에 대한 학교 구성원의 관심이 유도됨은 물론, 이 활동의 결과는 학교숲을 만들거나 변화시키는 데 사용될 수 있다.

- **관련 교과** : 국어, 미술, 실과
- **교수·학습 방법** : 조사, 토론, 창작법, 협동학습법
- **주제** : 학교숲과 관계 맺기, 학교숲과 우리 마을
- **활동 목표** : 지식, 인식, 기능

활동 목표

- 학교 구성원이 학교숲에 대해 다양한 방식으로 상상할 수 있는 기회를 제공한다.
- 학교숲 조성이나 개선을 위한 자료를 수집한다.

카메라

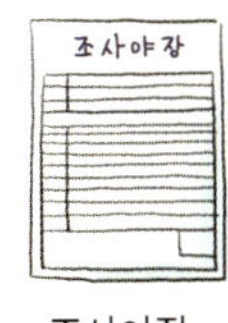
조사야장

원고지

수채화 도구

필기도구

도화지

① 학생들을 카메라 모둠, 관찰 모둠, 인터뷰 모둠 등 3개의 모둠으로 나누고 역할 분담을 한다.

② 각 모둠별로 우리 학교의 현재 모습에 대하여 이야기하는 시간을 갖는다.

    가. 우리 학교 교정에는 무엇이 있는가?

    나. 우리 학교 교정의 모습과 느낌은 어떠한가?

③ 각 모둠에게 미션을 주고 모둠별로 미션을 수행하도록 한다.

    가. **카메라 모둠**: 지금 현재의 학교 운동장이나 숲의 모습들 중에서 인상적인 장면들을 사진기

로 촬영한다. 이때 촬영하는 내용은 운동장이나 숲의 자연물이어도 좋고, 또는 그 속에서 활동하고 있는 학생들이어도 좋다.

나. **관찰 모둠**: 쉬는 시간이나 점심시간, 방과 후에 학교 운동장이나 주변을 조용히 관찰하고 이를 기록한다. 관찰하고 기록하는 내용은 학교숲을 구성하고 있는 자연물이어도 좋고 그 속에서 활동하고 있는 학생이어도 좋다.

다. **인터뷰 모둠**: 우리 학교 구성원들에게 앞으로 우리 학교숲에 있었으면 하는 것들에 대한 의견을 알아본다.

④ 기존의 모둠을 재편성하여 카메라 모둠, 관찰 모둠, 인터뷰 모둠의 구성원이 1인 이상씩 포함될 수 있도록 새 모둠을 구성한다.

⑤ 카메라, 관찰, 인터뷰 등 각 활동 모둠에서 온 학생들은 각 활동 모둠이 했던 활동 내용을 보고하고, 현재 학교 운동장의 모습에 대한 의견과 학교 구성원들이 바라는 것들이 어떤 것인지 등을 논의한다.

⑥ 토론된 내용을 토대로 다음 질문들에 답하도록 한다.

가. 우리 학교숲에 어떤 학교 시설물 또는 자연물이 들어가면 좋을까?

　　　(예_ 나무, 연못, 곤충원, 동물사육장, 텃밭 등)

나. 우리 학교에 나무와 풀을 심는다면 어디에 심는 것이 좋을까?

　　　(예_ 운동장 주변, 화단, 담장을 허물고)

다. 우리 학교숲에는 어떤 나무를 심는 것이 좋을까?

　　　(예_ 소나무, 참나무, 감나무)

⑦ 토의한 내용을 중심으로 우리가 꿈꾸는 학교숲의 모습을 그림과 글로 꾸며 본다.

⑧ 모둠별로 우리가 꿈꾸는 학교숲을 발표한다.

기대 효과

① 학교숲 꿈꾸기의 내용 즉, 학교 구성원이 바라는 학교숲의 내용 및 계획을 학교숲 조성 사업에 반영할 수 있다.

② 학교숲이 학생들의 의견을 바탕으로 조성된다면 학생들이 학교숲에 지속적인 관심을 가질 수 있게 해 준다.

활동 도우미

① 학교숲을 어떻게 조성했으면 좋겠는지에 관해 구체적인 의견을 제시하게 한다.

② 이 활동은 협동학습 모형을 사용하여 진행할 수도 있다. 즉 4~5명으로 된 모둠을 만들고 각 모둠의 구성원이 카메라 모둠, 관찰 모둠, 인터뷰 모둠 등 3개의 모둠으로 나뉘어 활동한 다음, 각자의 원래 모둠으로 돌아와 활동 모둠에서 한 내용을 공유하는 형태이다.

③ '봄' 활동 내용 중 '어라~ 달라졌네(학교숲 조성 후)'와 연계하여 프로그램을 진행할 수 있다.

교육 과정과의 연계성
국어(말하기 듣기) 1학년 1학기 셋째마당. 이렇게 생각해요
과학 6학년 2학기 3. 쾌적한 환경
미술 4학녀 1 자연의 색

✽ 우리가 꿈꾸는 학교숲의 모습을 그려 봅시다.

✽ 우리가 꿈꾸는 학교숲의 모습을 만들어 보고 그 느낌을 써 보세요.

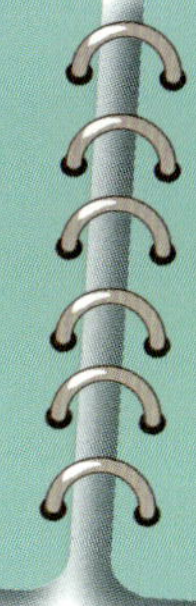

🌱 초등 고학년 ⏰ 2차시 🏫 실내 ☺ 겨울

이런 활동이에요

식물원이나 동물원, 놀이공원 등은 캐릭터를 개발하여 그 단체나 기관, 장소를 알리는 데 사용한다. 이 활동에서는 학생들이 우리 학교숲에서 가장 자랑스럽고 좋아하는 생물이 무엇인지 알아보고, 학교숲을 상징할 만한 재미있는 캐릭터를 만들어 본다.

- **관련 교과** : 미술
- **교수·학습 방법** : 만들기
- **주제** : 학교숲과 관계 맺기
- **활동 목표** : 지식, 인식, 기능

활동 목표

- 학교숲을 상징할 수 있는 캐릭터를 만들어 본다.
- 캐릭터를 만드는 방법을 이해한다.

이런 것이 필요해요

| 캐릭터 그림 | 활동지 | 학교 식물 사진 | 색연필 | 사인펜 | 필기구 |

① 캐릭터는 무엇이고 어떤 캐릭터가 있는지 알아본다.

② 학생들이 좋아하는 캐릭터와 주변에서 볼 수 있는 캐릭터에 대해 이야기한다.

③ 놀이공원이나 동물원, 식물원 등의 캐릭터를 교사가 보여 주고 학생들이 준비해 온 캐릭터의 예시를 살펴본다.

④ 우리 학교숲에서 가장 자랑스럽고 애정이 가는 동식물은 무엇인지 이야기해 본다.

⑤ 내가 그리고 싶은 학교 생물을 선정하고 캐릭터를 구상해 본다. 이때, 캐릭터가 가져야 할 특징인 독창성·친근감·상상력·시대성 등을 고려한다.

⑥ 내가 만들게 될 학교숲 캐릭터의 특성과 그리는 방법을 알아본다.

⑦ 사진이나 그림을 보고, 캐릭터로 표현할 때 강조하고 싶은 특징을 생각해 본다.

⑧ 우리 학교숲 캐릭터를 그림으로 표현해 본다. 그런 다음 캐릭터의 이름도 지어 보고, 캐릭터의 모습에 대한 설명도 쓴다.

⑨ 캐릭터가 완성된 후, 학생들 상호간에 품평회를 가진다.

   가. 가장 멋지게 특징을 잘 살린 캐릭터는 무엇인가?

   나. 가장 재미있게 표현한 캐릭터는 무엇인가?

   다. 가장 창의적으로 나타낸 캐릭터는 무엇인가?

기대 효과

① 이 활동을 통하여 학교숲에 있는 꽃이나 나무, 동물, 곤충의 사진이나 그림을 관찰하고 특징을 찾아내는 능력을 기를 수 있다.
② 캐릭터 그리기 활동을 통해 형태 표현력 및 창의력을 기를 수 있다.

> **교육 과정과의 연계성**
> 미술 4학년 11. 마크와 표지판 꾸미기

✿ 이름을 지어 보세요.

✿ 어느 생물의 캐릭터이며 어떤 의미를 담은 것인지 캐릭터를 설명해 봅시다.

✿ 캐릭터를 멋있게 그려 보세요.

 ## 캐릭터의 정의

캐릭터란 개인의 성격적인 면의 특징을 살려 표현한 만화의 종류로, 소설이나 만화에 나오는 식물, 동물 등을 표현한 것을 말하며, 어떤 대상물의 보편적인 속성에 강한 개성을 부여한 특징적 속성을 지닌 새로운 개체로 표현된 것을 의미한다.

 ## 우리 주변의 캐릭터

(사)생명의숲 캐릭터

우리 학교에 나무가 없다면

이런 활동이에요

사람들은 나무가 주는 이로움을 당연한 것으로 생각하기 쉽다. 이 활동에서는 우리 주변에 나무가 있을 때와 없을 때의 차이를 알아봄으로써 사람이 살아가는 데 나무와 자연적 경관이 얼마나 중요한지 생각해 볼 수 있다.

- **관련 교과** : 과학, 사회, 미술
- **교수·학습 방법** : 토의, 토론/창작법
- **주제** : 학교숲과 주변 환경, 학교숲과 우리 마을, 학교숲과 생태계
- **활동 목표** : 인식, 태도

활동 목표

- 나무가 사람들에게 어떻게 이로움을 주는지 알아본다.
- 인공적인 환경을 개선하기 위해 나무가 어떻게 이용되는지를 쉽게 알아볼 수 있는 그림이나 모형을 만든다.

이런 것이 필요해요

   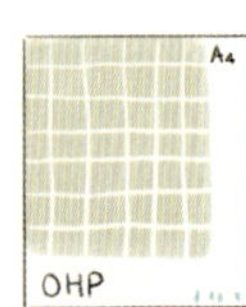  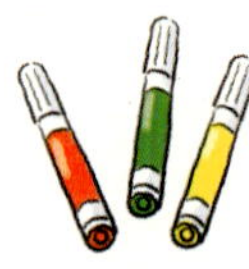

| 도화지 | 크레용 | A4 흰 종이 | 투명필름(OHP) | 연필 | 색깔 매직 |

① 학교를 포함한 우리가 사는 지역 내에 있는 시설의 목록을 작성해 본다.

　[예_ 학교 운동장, 동네길(가로), 공원, 학교숲, 동물원, 도로, 아파트 등]

② 개인별 또는 모둠별로 한 곳을 골라 그림을 그린다. 이때 좋아하는 것을 마음대로 그리되, 그림에는 나무가 그려져서는 안 된다. 그리고 각 모둠이 서로 다른 부분을 맡아 함께 모아 큰 그림을 그리도록 할 수도 있다.

③ 이번에는 같은 장면을 그리되, 많은 나무를 함께 그려 넣는다.

④ 모두가 볼 수 있는 벽이나 칠판 등에 그림을 전시하고, 나무가 많은 곳과 적은 곳 어느 곳에서 시간을 보내고 싶은지 이야기해 본다. 또한 나무가 있어서 좋은 점이 무엇인지 이야기해 본다.

⑤ 공공장소에 있는 나무의 좋은 점에 대해 이야기해 본다.

　(예_ 보기에 좋다, 그늘을 만들어 준다, 바람을 막아 준다, 공기를 깨끗하게 하고 소음을 줄인다 등)

① 개인별 또는 모둠별로 A4 종이와 투명필름(OHP) 용지를 나눠 준다.
② 종이에 학생들이 친숙한 환경(집, 아파트, 학교 운동장, 거리, 각종 건물, 복잡한 도심 등)을 그리되, 나무나 다른 식물 없이 그린다.
③ 투명필름을 종이 위에 얹어 놓고 가장자리를 테이프로 붙인다.
④ 투명필름 위에 색깔이 있는 펜으로 그 환경에 있다고 생각되는 나무나 식물들을 그린다.
⑤ 그리기가 끝나면 투명필름을 들어내고 나무와 식물이 있는 것과 없는 것을 비교한다.

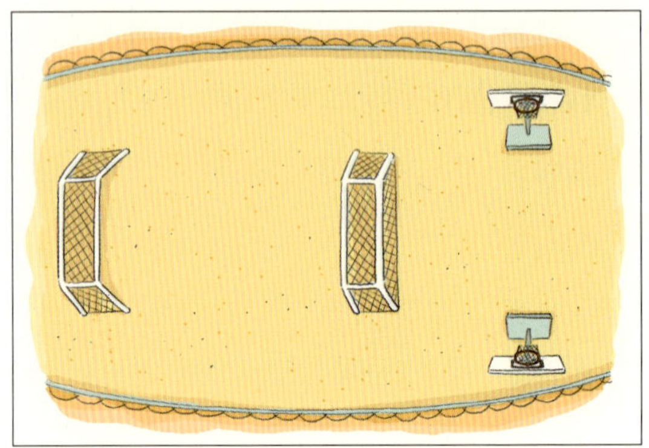

① 우리 주변에 나무가 있을 때와 없을 때의 차이를 알 수 있다.
② 우리 생활에서 나무의 중요성에 대해 생각해 볼 수 있다.

 **활동 도우미**

투명필름에 그림을 그릴 때 수성펜을 사용하면 번져서 그림이 잘 그려지지 않으므로 유성펜이나 매직을 사용하는 것이 좋다.

교육 과정과의 연계성
과학 3학년 1학기 3. 소중한 공기/3학년 2학기 1. 식물의 잎과 줄기
사회 5학년 1학기 3. 환경 보전과 국토 개발
미술 4학년 1. 자연의 색/5학년 2. 전체와 부분
실과 6학년 5. 우리 생활과 목제품
도덕 6학년 7. 자연 사랑

어젯밤 학교숲에…

이런 활동이에요

학교숲이나 운동장은 수많은 이야기의 출발점으로 사용될 수 있다. '어젯밤 학교숲에…'라는 말을 출발점으로 하여 다양한 이야기를 만들어 본다.

- **관련 교과** : 국어
- **교수·학습 방법** : 창작법
- **주제** : 학교숲과 관계 맺기, 학교숲에서 보물찾기
- **활동 목표** : 지식, 인식, 기능, 태도

활동 목표

- 학교숲에 대한 느낌을 오감으로 체험해 본다.
- 학교숲을 주제로 하여 이야기를 꾸며 본다.

이런 것이 필요해요

필기도구

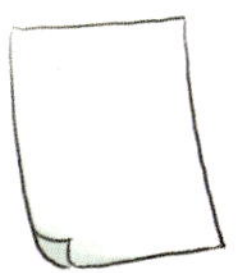

A4 종이

① 밤이 되기 전에 학생들에게 모둠별로 학교숲 내의 서로 다른 곳으로 가서, 학교숲에서 어떤 일이 일어나는지를 온몸으로 느껴 보게 한다.

② 실내나 조용한 야외에서 어젯밤의 기억을 떠올려 보도록 한다.

③ 가능하면 오감을 사용해 그 느낌을 이야기로 만들어 보도록 주문한다. 이야기를 만들 때, 다음과 같은 내용을 포함할 수 있다.

> 어젯밤에 운동장에서 나는(우리 모둠은) …
>
> … 새와 박쥐를 보았다.
>
> … 풀벌레와 새소리를 들을 수 있었다.
>
> … 풀잎과 나뭇잎이 바람에 부딪히는 소리가 들렸다.
>
> … 빛 주변에 많은 곤충들이 모이는 것이 보였다.

④ 모둠의 구성원은 이런 이야기를 계속해서 이어 나가야 한다.

⑤ 학생들이 이야기를 이어 가는 것을 돕기 위해서 다음과 같은 질문을 할 수 있다.

가. 학교숲에서는 무슨 일이 있었나?

나. 낮에 보았던 학교숲의 모습과 다른 점은 무엇인가? 이전에 봤던 숲의 모습과 무엇인가 다른 느낌을 가지지 않았는가?

⑥ 지금까지의 활동을 토대로 모둠별로 학교숲 이야기를 만들어 본다. 이 이야기에는 우리가 흔히 보는 풀, 나무, 심지어 바위까지도 나름대로 전해 오는 전설이나 이야기가 있다. 민들레와 할미꽃, 해님과 달님 등 자연과 관련된 이야기를 소개하는 내용도 포함할 수 있다.

⑦ 모둠별로 만든 이야기를 발표한다. 발표할 때는 각종 분장을 하여 분위기를 연출할 수 있다.

기대 효과

① 이 활동을 통해서 학생들은 다양한 어휘를 이용해 이야기를 만들어 보는 기회를 가지게 된다. 활동 과정에서 자연스럽게 말하기 능력을 향상시킬 수 있으며, 구성원간의 개방적인 의사소통을 경험할 기회를 가진다.

② 저학년 학생들에게는 '어젯밤에 학교숲에…'라는 단어를 주는 것으로 충분하지만 고학년이나 풍부한 어휘 능력을 구사하는 학생들은 작은 이야기 속에서 자신들의 아이디어를 확장할 수 있다. 교사는 이런 학생들의 아이디어를 확장해 이야기를 만들어 볼 수 있게 탐구 능력 개발을 돕도록 한다.

활동 도우미

① 이 활동은 평상시에도 해 볼 수 있지만, 뒤뜰 야영이나 학교숲을 이용한 캠프 시에 더욱 더 적합하다. 또한 이 활동에서 도입하는 어휘로 '지난주에…', '지난 방학에…' 같은 형식을 사용할 수 있다.

② 학급의 모든 학생이 개인별로 이 활동을 수행하기에는 어려움이 있으므로, 모둠을 나누고 모둠별로 지역을 정해서 활동을 진행한다. 모둠별로 발표하는 시간을 가지는 것도 좋다. 이 발표에는 그림, 글 등으로 표현하고, 조별로 이어서 이야기 만들기의 형식으로 진행해도 좋다.

교육 과정과의 연계성
슬기로운 생활 1학년 1학기 3. 나의 하루 생활/2학년 1학기 6. 알찬 하루 보람찬 생활

✿ 어젯밤 학교숲에서는 무슨 일이 있었나요?

✿ 낮에 보았던 학교숲의 모습과 다른 점은 무엇인가요? 이전의 숲의 모습과 무엇인가 다른 느낌을 가지지 않았나요?

✿ 우리 학교숲 이야기를 만들어 보세요.

✿ 서로 발표한 이야기의 느낌을 적어 보세요.

겨울에도 잎이 푸른 상록수

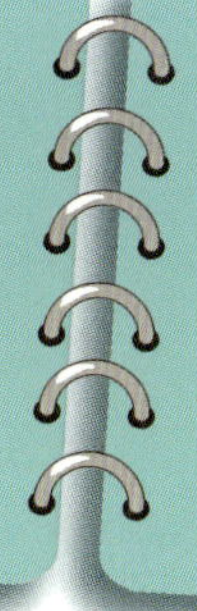

🌱 초등 저학년   ⏰ 2차시   🏫 교실, 학교숲   ☺ 겨울

이런 활동이에요

겨울이 되면 숲 속의 나무들은 잎을 바닥에 떨어뜨린다. 그 중에서도 상록수들이 많은 침엽수들은 대부분 잎을 간직한 채 겨울을 난다. 상록수들의 잎은 얇은 비닐막으로 덮여 있어서 수분이 잘 날아가지 않기 때문에 잎을 떨어뜨리지 않고도 겨울을 날 수 있다.

- **관련 교과** : 과학
- **교수·학습 방법** : 관찰법, 실험
- **주제** : 학교숲 알기
- **활동 목표** : 지식, 인식, 기능

활동 목표

- 침엽수와 활엽수의 차이점을 이해한다.
- 침엽수의 특징을 이해하고 냄새와 모양, 촉감 등을 관찰한다.

이런 것이 필요해요

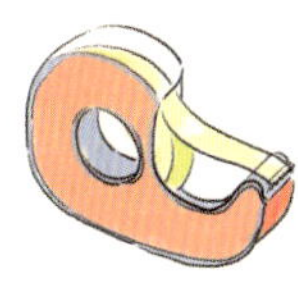

| 침엽수 그림 | 활엽수 그림 | 기록장 | 투명 테이프 |

① 학생 6명 정도를 한 모둠으로 모둠 나누기를 한다.

② 활엽수와 침엽수의 나뭇잎을 사진이나 그림으로 보여주고 그 차이점을 찾아보게 한다.

③ 침엽수의 특징과 모양을 알아본다. 이때, 침엽수는 대부분 잎의 모양이 가늘고 길며 겨울에도 푸른 잎을 간직하고 있는 나무를 지칭한다. 대표적인 침엽수로는 소나무, 잣나무 등이 있다.

④ 활엽수의 특징과 모양을 알아본다. 이때, 활엽수는 대부분 잎이 넓적하며 가을이 되면 잎이 떨어지는 나무를 지칭한다. 대표적인 활엽수로는 단풍나무, 느티나무 등이 있다.

⑤ 학생들이 모둠별로 학교숲을 돌아보며 아직 잎이 남아 있는 나무를 찾아 잎을 채집해 온다.

⑥ 나뭇잎의 특징을 관찰하고 이를 활동지에 기록하도록 한다.

⑦ 침엽수가 겨울을 나는 방법을 생각해 본다.

① 침엽수를 관찰함으로써 침엽수의 특징을 이해한다.
② 식물들도 각자의 환경에 적응하기 위한 전략을 가지고 있음을 알 수 있다.

겨울에도 잎이 푸른 소나무

 활동 도우미

① 너무 추운 날씨에는 채집 시간을 짧게 하여, 야외 활동을 줄이도록 한다.
② 상록수와 침엽수는 차이가 있다. 그러나 초등학교 수준에서 이를 구분하려고 하다 보면 오히려 학생들이 혼란스러워 할 수도 있다. 따라서 잎의 모양을 보고 구분할 수 있는 침엽수를 상록수의 개념으로 도입하고, 예외가 있을 수 있음을 알려 주는 것이 좋다. 그러나, 이들을 분명히 구분해야 하는 상황에서는 참고 자료에 제시된 표를 이용하여 구분할 수 있도록 한다.

교육 과정과의 연계성
슬기로운 생활 2학년 2학기 4. 겨울을 따뜻하게 보내려면
과학 3학년 2학기 1. 식물의 잎과 줄기
실과 6학년 2. 아름다운 환경 가꾸기

✽ 내가 가져온 나뭇잎의 특징을 말해 보세요.

✽ 잎의 모양은 어떤가요?(잎을 붙이거나 그려 보세요.)

✽ 잎의 냄새를 맡아 보세요. 어떤 냄새인가요?

✽ 잎을 손으로 만져 보세요. 어떤 느낌인가요?

	상록수 잎의 교대가 연속적으로 이루어져 가을에 낙엽이 지지 않고 사철 내내 푸른 나무.	낙엽수 가을이나 겨울에 잎이 떨어졌다가 봄이 되면 새잎이 돋아나는 나무.
침엽수 잎이 바늘같이 생긴 나무	상록침엽수 사철 내내 잎이 푸른 침엽수. 뾰족한 바늘잎을 가진다. 예) 소나무, 잣나무, 전나무, 주목 등 	낙엽침엽수 가을이나 겨울에 잎이 떨어졌다가 봄에 새잎이 나는 침엽수. 침엽수이지만 낙엽이 지는 나무. 예) 낙엽송, 낙우송, 메타세쿼이아 등 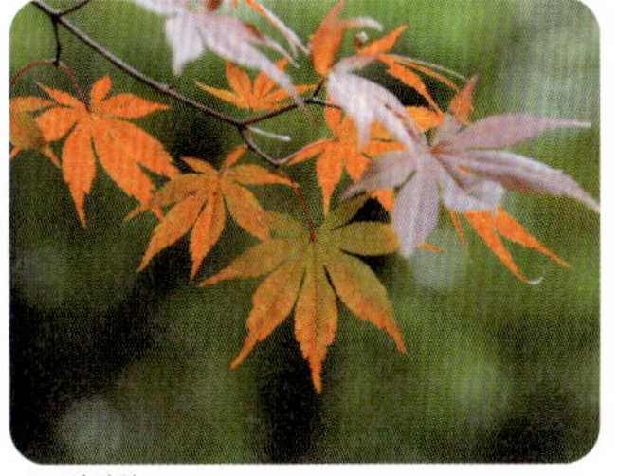
활엽수 잎이 넓은 나무	상록활엽수 사철 내내 잎이 푸른 활엽수. 활엽수이지만 가을이나 겨울에 낙엽이 지지 않는 나무. 예) 사철나무, 동백나무, 회양목 등 	낙엽활엽수 가을이나 겨울에 잎이 떨어졌다가 봄에 새잎이 나는 활엽수. 예) 느티나무, 버드나무, 단풍나무 등 ⓒ 김진원

겨울이면 겨울잠을 자는 동물들이 있는가 하면 추운 겨울에도 활동하는 동물들이 있다. 마찬가지로 나무들 중에도 겨울에 겨울잠을 자는 수준으로 생명 활동을 최소화하는 나무들이 있는가 하면 겨울에도 적절히 활동하는 나무들이 있다. 전자는 가을이면 모든 잎을 떨어뜨려 버리는 활엽수이고, 후자는 늘 푸른 나뭇잎을 달고 있는 상록수, 즉 침엽수가 포함된다.

소나무		바늘 같은 잎이 2개씩 달리고 잎의 색은 초록색이다. 우리나라 재래종 소나무인 적송은 잎이 2개씩 뭉쳐나지만, 북미 원산 리기다소나무는 잎이 3개씩 뭉쳐나므로 3잎 소나무라고도 한다
잣나무		바늘 같은 잎이 5개씩 뭉쳐나고 잎의 색이 검은 초록빛을 띤다. 소나무와 혼동하는 경우가 많은데 소나무와의 큰 차이점은 잎이 5개씩 뭉쳐나고 잎의 색이 소나무보다 좀 더 검은 초록을 띤다는 것이다.
구상나무		작은 가지는 황색이지만 자랄수록 털이 없어지면서 갈색이 돌고 겨울에 나는 싹은 달걀꼴 원형이며 수지(樹脂)가 약간 있다.
주목		껍질은 검은 갈색이고 잎은 납작한 바늘 꼴의 녹색이다. 빨간 구슬 같은 둥근 열매가 달린다.

추운 겨울을 이겨 내요!

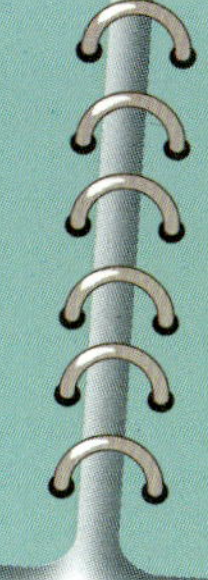

🌱 초등 전학년 ⏰ 1차시 🏫 학교숲 ☺ 이른 봄, 늦겨울

이런 활동이에요

겨울 내내 보이지 않는 생물들(동물, 곤충, 식물 등)과 비생물들(땅, 물, 공기 등)에게는 어떤 변화가 있는지 탐구 활동을 통해 알아본다. 또한 겨울 동안 이 생물들은 어떻게 겨울나기를 하고 봄 맞을 준비를 하는지 등에 대해서도 알아보도록 한다.

- **관련 교과** : 과학, 미술
- **교수·학습 방법** : 조사, 관찰
- **주제** : 학교숲 알기, 학교숲과 생태계
- **활동 목표** : 지식, 인식

활동 목표

- 계절이 변함에 따라 함께 변화하는 생물들의 생활에 대해 안다.
- 동물이나 식물, 곤충들이 겨울을 어떻게 이겨 내는지 이해한다.

이런 것이 필요해요

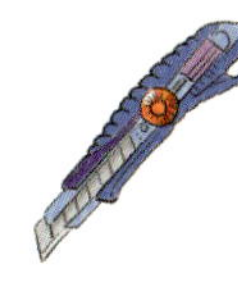

| 돋보기 | 필기구 | 활동지 | 칼 | 사진기 | 동식물 사진 |

① 동물과 곤충들의 겨울나기에 대해서 이야기해 본다.

　가. 학생들에게 지리산 반달가슴곰 방사 프로젝트에 대한 이야기를 들려주고, 처음 방사된 4마리 중 2마리가 겨울을 이기지 못하고 죽게 된 사연에 대해 들려준다.

　나. 뱀, 개구리 등 양서·파충류의 겨울나기에 대해 들려준다.

　다. 곤충의 겨울나기에 대해 이야기해 주고, 사마귀 알집 등 곤충들이 집을 어떻게 활용하는지에 대해 알려준다.

② 동물과 곤충의 겨울나기 이야기를 듣고 활동지에 겨울나기 방법을 적어 본다.

③ 식물들이 겨울을 어떻게 지내는지 이야기해 본다.

　가. 학생들을 모둠별로 나누어 식물의 겨울눈에 대해 알아보도록 한다.

　나. 학생들에게 꽃눈과 잎눈을 어떻게 구별할 수 있는지 설명해 준다.

　다. 여러 가지 식물의 꽃눈과 잎눈 사진이나 그림을 보여 주거나, 경우에 따라 미리 준비한 표본을 보여줄 수 있다.

① 학생들은 학교숲이 단순히 정지된 공간이 아니라, 그 속에서 살아가고 있는 생명체들의 끊임없이 변화하는 공간임을 인식할 수 있다.
② 동물, 곤충, 식물들의 겨울나기를 이해할 수 있다.

활동 도우미

① 생명체들의 겨울나기에 대해 설명할 때 가능한 우리 학교숲에 있는 동식물이나 곤충을 사례로 설명해 준다.
② 겨울나기를 하는 동식물과 곤충을 방해하지 않는 방법이나 행동 등에 대해 알려 준다.

교육 과정과의 연계성
슬기로운 생활 1학년 2학기 4. 우리들의 겨울맞이/2학년 2학기 4. 겨울을 따뜻하게 보내려면
미술 4학년 1. 자연의 색

동물과 곤충들은 다양한 방식으로 겨울나기를 합니다.
다음의 동물들은 어떻게 겨울을 날까요?

동물명	겨울나기 방법	곤충명	겨울나기 방법

새집 만들기

이런 활동이에요

도심에는 먹이와 물, 쉼터가 없어 야생 조류들이 많이 찾아오지 않지만, 도심 안에도 작은 숲이 있으면 산새들이 찾아올 수 있다. 즉, 학교에 숲이 우거지고 새들을 위한 쉼터나, 물을 먹을 수 있는 습지가 생기면 새들이 찾아오게 된다. 학교숲을 찾아온 새들을 위해 새집을 만들어 달아 주거나 새집을 만들어 새를 불러들이고 이를 관찰하도록 한다.

- **관련 교과** : 과학, 실과, 미술
- **교수·학습 방법** : 관찰법, 만들기
- **주제** : 학교숲에서 보물찾기
- **활동 목표** : 지식, 인식, 기능

활동 목표

- 학교숲에 새집을 만들어 달아 줌으로써 학교숲에 새들을 유인하는 효과를 가질 수 있다.
- 새집 제작 과정을 통하여 학생들이 자원 재활용의 보람을 느낄 수 있다.

이런 것이 필요해요

1,000mL 우유팩

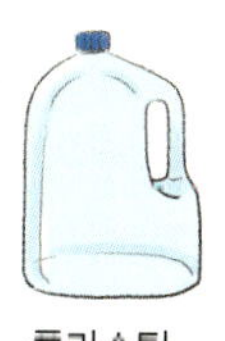

플라스틱 세제 용기

끈

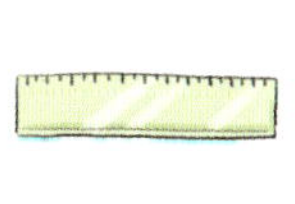

자

칼

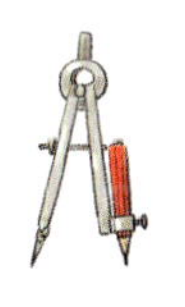

컴퍼스

송곳

1. 새집을 구상하고 재료 준비하기

① 우리 주변에 어떤 새들이 있는지 알아본다.

  가. 학교에 오거나 집에 갈 때 학교 주변에서 어떤 새들을 볼 수 있는가?

  나. 학교숲에서는 어떤 새를 볼 수 있는가?

② 각각의 새집은 어떤 모양이어야 하는지 생각해 보고 개략적인 모양을 그려 본다.

③ 주변의 재활용품 중에 새집을 만들 수 있는 것으로 무엇이 있을지 생각해 보고 재료를 준비하게 한다. 이때 재료는 우유팩, 플라스틱 세제통 및 사탕통, 사발면 용기, 알루미늄박(포일)으로 만든 국그릇 및 접시 등 다양하게 준비할 수 있다.

2. 우유팩으로 새집 만들기

① 1,000mL 우유팩을 깨끗이 씻어 말린 후 한 면을 칼로 오려서 철사로 고정시킨다.

② 우유팩 주둥이를 모은 후 빗물이 스며들지 않게 잘 접착한 후 끈을 단다.

③ 우유팩 안에 작은 용기 2개를 고정시킨 다음 곡류나 물을 담아 놓는다.

④ 비에 덜 젖게 하기 위하여 윗부분에 가벼운 접시 등으로 비를 막을 수 있는 지붕을 만들어 주어도 좋다.

⑤ 우유팩으로 만든 새집이 야외에서 오랫동안 유지되려면, 고운 사포로 표면을 문지른 후 니스를 칠해 주는 것이 좋다.

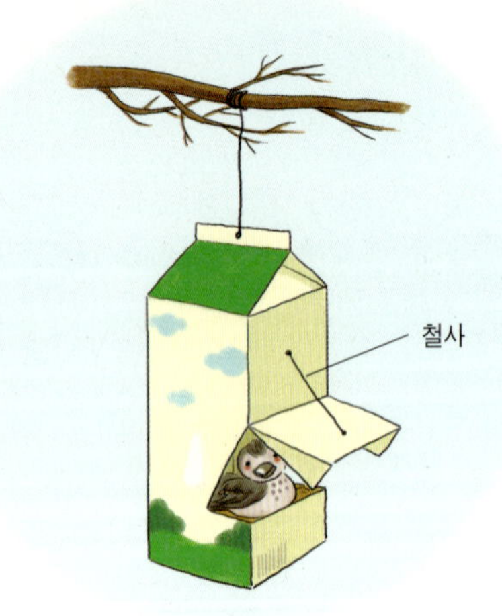

3. 플라스틱 세제통으로 새집 만들기

① 플라스틱 세제통을 깨끗이 씻어서 말린다. 이때, 세제통에 세제가 남

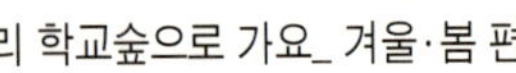

지 않도록 여러 번 씻어 말려 준다.

② 통의 아랫부분에 지름이 약 7cm 되는 구멍을 뚫고 통
의 윗부분도 구멍을 뚫어 끈을 달아 놓는다.

③ 새에게 발판을 주기 위하여 통의 앞에서 뒤까지 일자
로 작은 구멍을 뚫고 나뭇가지 등을 끼워 고정시킨다.

④ 통의 내부에 작은 용기 2개를 고정시킨 후 곡류나 물
을 담는다.

⑤ 새들은 곡식 이외에도 감, 귤, 사과 등 과일을 먹기도
하고 소고기, 돼지고기 등을 먹이로 하기도 한다.

⑥ 속이 훤히 들여다보이는 투명한 플라스틱 용기로 집을 만들어 주면 새들이 찾아
들지 않으므로 내부가 보이지 않도록 헝겊으로 싸 준다.

4. 새집을 달아 주자

① 학생들이 만든 새집을 함께 보면서 실제로 새가 서식할 수 있는 공간인지 이야기
해 본다.

② 학교숲에 새집을 달아 주기에 적합한 장소나 위치, 방향 등을 논의한다.

가. 다른 새들이 자주 모습을 드러내는 열매가 열리는 나무나, 먹이가 있는 곳에서 약간 떨어진 장소에 매달아 놓는다.

나. 위치는 사람의 손이 닿지 않고 날짐승(고양이 등)의 공격에서 안전한 3~5m의 높이가 좋다.

다. 새집과 새집 사이의 거리는 약 10~100m 간격을 둔다.

라. 새집 입구로 비가 들어가지 않도록 수직으로 나무에 고정시킨다.

마. 새들도 사람과 같이 남향의 집을 좋아한다.

바. 새집은 늦가을이나 겨울철에 달아 준다. 새들은 보통 봄에 둥지를 만들지만 이때 갑자기 새집을 만들어 주면 경계해서 새가 가까이 오지 않는다.

③ 적합한 장소에 새집을 달아 주고 새가 오는지 관찰한다.

기대 효과

① 새들이 서식하기 위해 필요한 조건과 공간을 이해할 수 있다.
② 새들을 직접 관찰할 수 있는 기회를 제공한다.

활동 도우미

① 새집을 높은 곳에 달기 위한 사다리 사용 시 주의를 요한다.
② 새집을 다는 작업은 부모님이나 가족을 초청하여 함께할 수도 있다.
③ 새집을 달고 나서 정말 새가 오는지, 새가 왔다면 어떤 새인지를 지속적으로 관찰하도록 지도한다.

교육 과정과의 연계성
과학 6학년 2학기 3. 쾌적한 환경
실과 6학년 6. 동물 기르기

새를 우리 주변에서 쉽게 관찰하기 위해서는 새가 번식하기 위해 살 수 있는 새집을 만들어 주면 된다. 새는 보통 봄에 둥지를 만들지만 새가 가까이 오도록 집을 만들어 줄 때는 가을이 좋다. 봄이 되어 갑자기 새집을 만들어 주어도 새들은 경계해서 가까이 오지 않는다. 지난해에 쓰던 새집을 다시 이용할 때에는 가을에 새집 안을 깨끗이 청소해 주어야 새들이 좋아하여 찾아든다. 새가 드나들 수 있도록 구멍을 만들어 주어야 하며 박새류가 살 수 있는 새집을 위해서는 약 3cm 정도의 직경이면 좋다. 너무 크면 뱀이나 다른 조류가 이용할 수 있다.

 ### 새가 좋아할 환경을 만들어 준다

새에게 가장 좋은 곳은 먹이가 많고 새끼를 마음 놓고 기를 수 있는 곳이다. 이 가운데에서도 특히 자기가 좋아하는 먹이가 있으면 좋다. 이처럼 새가 즐겨 찾아올 수 있는 나무가 있으면 힘들게 찾아다니지 않더라도 쉽게 새를 관찰할 수가 있다. 새들이 좋아하는 열매인 감나무, 아그배나무, 쥐똥나무, 청미래덩굴 등이 학교숲 안에 있으면 새들이 찾아올 확률이 높다.

 ### 새들이 주는 선물

새들이 찾아오면 가끔 뜻하지 않게 새들이 주는 선물을 받게 될 수도 있다. 그 선물이란 새의 똥을 말하며, 똥 속에는 가끔 소화하지 못한 씨가 있어서 예쁜 싹이 움틀 수 있다. 베란다에 새가 좋아하는 나무를 심은 화분을 놓거나 먹이 그릇 옆에 흙을 담은 화분 받침을 놓아두면 새가 선물한 씨에서 나온 싹이 하루하루 자라는 것을 보면서 즐길 수 있다. 새똥이 있으면 가끔 핀셋으로 안을 뒤적거려 보자. 그 속에서 씨를 찾을 수 있다.

새집은 가을이나 초겨울에 달아 준다

새들은 보통 봄에 둥지를 만들지만 새가 가까이 오도록 집을 만들어 줄 때에는 가을이나 초겨울이 좋다. 봄이 되어 갑자기 새집을 만들어 주어도 새들은 경계해서 가까이 오지 않는다. 새집을 달아 주는 장소와 먹이가 있는 데와는 떨어져야 좋다. 그리고 다른 새들이 자주 모습을 나타내는 데에는 마음 놓고 안에 들어가지 않는다. 지난해에 쓰던 새집을 다시 이용할 때에는 가을에 새집 안을 깨끗이 치워 줘야 새들이 좋아하며 찾아든다.

나무의 겨울눈 관찰하기

🌱 초등 고학년   ⏰ 2차시   🏫 교실, 학교숲   😊 겨울

이런 활동이에요

나무의 겨울눈을 관찰하여 겨울에도 나무가 살아 있음을 이해한다. 이 활동은 '추운 겨울을 이겨 내요!'나 '겨울에도 잎이 푸른 상록수' 등 관련 활동과 연계하여 실시할 수 있다.

- **관련 교과** : 과학
- **교수·학습 방법** : 관찰
- **주제** : 학교숲 알기
- **활동 목표** : 지식, 인식, 기능

활동 목표

- 다양한 눈의 관찰을 통해 나무들이 겨울을 나는 방법을 이해한다.
- 잎눈과 꽃눈 비교 관찰을 통해 눈의 역할을 이해하고 나무의 생태에 관심을 갖는다.

이런 것이 필요해요

   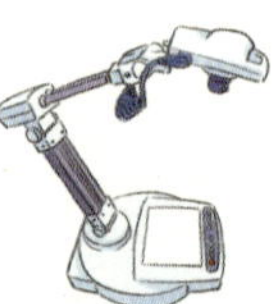   

| 겨울나무 사진 | 잎눈 | 꽃눈 | 실물 화상기 | 학습지 | 필기구 | 칼 |

① 먼저 동식물이 겨울을 나는 방법을 이야기한다.

　가. 동물들이 추운 겨울을 보내는 방법에 대해 이야기해 보기

　나. 겨울눈으로 겨울을 나는 나무 사진을 보며 나무가 겨울을 나는 방법에 대해 이야기하기

② 겨울눈이 무엇인지 알아보고, 직접 학교숲에 가서 겨울눈을 찾아 관찰한다.

③ 잎눈과 꽃눈이 어떻게 다른지 찾아보고, 그 역할은 무엇인지 알아본다.

④ 칼을 이용하여 잎눈과 꽃눈을 잘라 단면을 관찰한다.

⑤ 잎눈과 꽃눈을 관찰한 내용을 활동지에 정리하고 연필을 이용해 세밀화를 그린다.

⑥ 자신이 그린 겨울눈을 발표하고 다른 학생들의 발표를 함께 들어 본다.

① 돋보기를 이용하여 겨울눈을 자세히 관찰해 볼 수 있다.
② 추운 겨울을 지내고 봄을 맞이하는 나무들의 겨울눈 변화를 통해 계절의 바뀜을 느끼고 자연의 신비로움을 깨닫는다.

활동 도우미

① 학교숲의 훼손을 막기 위하여 겨울눈은 필요한 만큼만 따고 관찰을 위해 나뭇가지를 꺾지 않도록 주의하게 한다.
② 눈의 관찰은 잎눈과 꽃눈 등 나중에 무엇이 되는가도 관찰할 수 있지만, 눈을 보호하는 방법에 주의를 기울이도록 하는 것도 좋다. 예를 들면, 비늘잎으로 싸인 것, 털로 싸인 것, 진액이 들어 있는 것 등 다양한 방식의 보호 방법을 관찰할 수 있다. (참고 자료)

교육 과정과의 연계성
슬기로운 생활 2학년 2학기 4. 겨울을 따뜻하게 보내려면
미술 5학년 2. 전체와 부분

활동지 겨울눈 관찰하기

❀ 겨울눈이란?

❀ 잎눈과 꽃눈의 특징을 알아봅시다.

	어떻게 생겼나요?	자라서 무엇이 될까요?
잎눈		
꽃눈		

❀ 잎눈과 꽃눈의 특징을 알아봅시다.

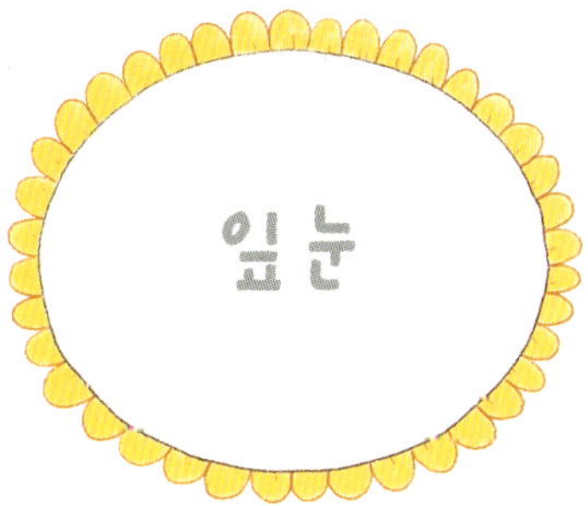

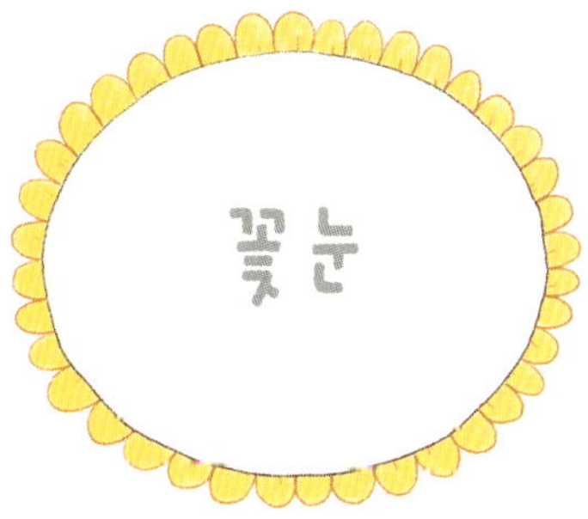

겨울눈은 나무의 종류에 따라 모양 생김새도 다양합니다.
우리 학교숲의 나무는 어떤 모양의 눈을 가지고 있을까요?

겨울은 식물들에게 혹독한 계절이다. 대부분의 식물들은 겨울에게 정면으로 대항하는 대신 작전상 일단 후퇴의 방법을 택한다. 그래서 식물들은 겨울이 오기 전에 부지런히 씨앗들을 넓은 세상 곳곳으로 퍼뜨린다. 상록 식물이 아닌 경우 겨울이 되면 잎에 있는 양분들을 뿌리와 줄기로 흡수하고 필요 없는 잎은 떨궈 버린다. 그리고 내년 봄에 새로운 싹을 내기 위한 겨울눈을 부지런히 만든다.

겨울눈이 추운 계절 내내 잘 견딜 수 있도록 든든한 외투를 입혀 주는 일도 잊지 않는다. 목련의 겨울눈처럼 보송보송한 솜털로 감싸 주는 식물도 있고, 떡갈나무처럼 여러 겹의 두꺼운 비늘로 겨울눈에 갑옷을 입혀 주는 식물도 있다. 또는 철쭉처럼 잘 얼지 않는 부동액으로 겨울눈 속을 채워 주는 식물도 있다.

식물들은 겉으로 보기에는 앙상한 가지들과 무성했던 여름의 갈색 잔해들로 인해 모든 것이 죽어 있는 것 같지만, 겨울은 결코 죽음의 계절이 아니다. 식물들은 나름대로의 방법으로 겨울을 살아가고 있다. 그러다가 봄이 되어, 날씨가 따뜻해지고 온도가 올라가면 세포 속으로 다시 물이 들어온다. 그러면서 눈의 크기도 커지고, 물이 오르면서 눈이 터진다. 눈의 성장은 나무에서 생산되는 호르몬에 의해 통제되는데, 요즈음은 이상 기후로 인하여 봄이 아닌 가을이나 겨울에 싹을 틔우는 식물도 있다.

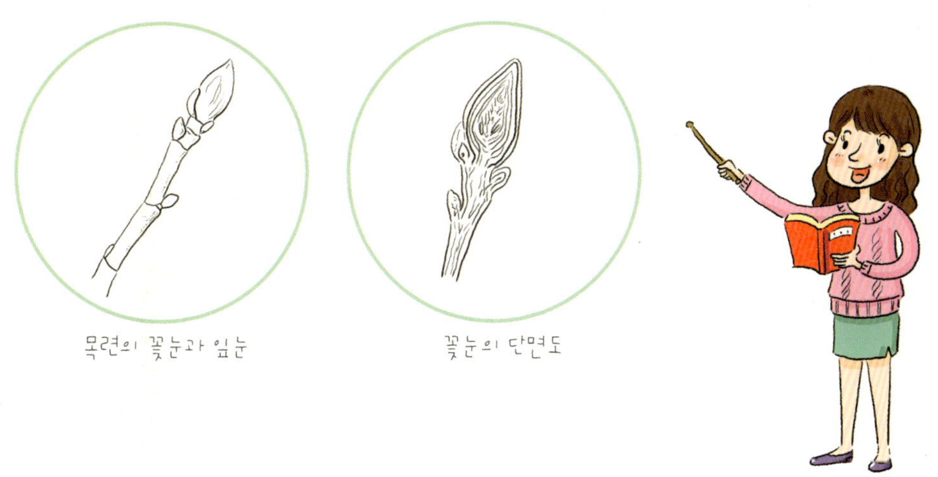

목련의 꽃눈과 잎눈   꽃눈의 단면도

앞으로 무엇이 되느냐에 따라 잎눈과 꽃눈을 구분하며, 단면을 잘라 보면 그 모양으로 쉽게 구분할 수 있다. 잎과 꽃이 함께 나오는 **섞임눈**도 있다. 꽃눈과 잎눈이 함께 붙은 가지에서는 보통 가지 끝에 뾰족한 것이 **잎눈**이고 둥글고 통통하면서 큰 것이 **꽃눈**이다.

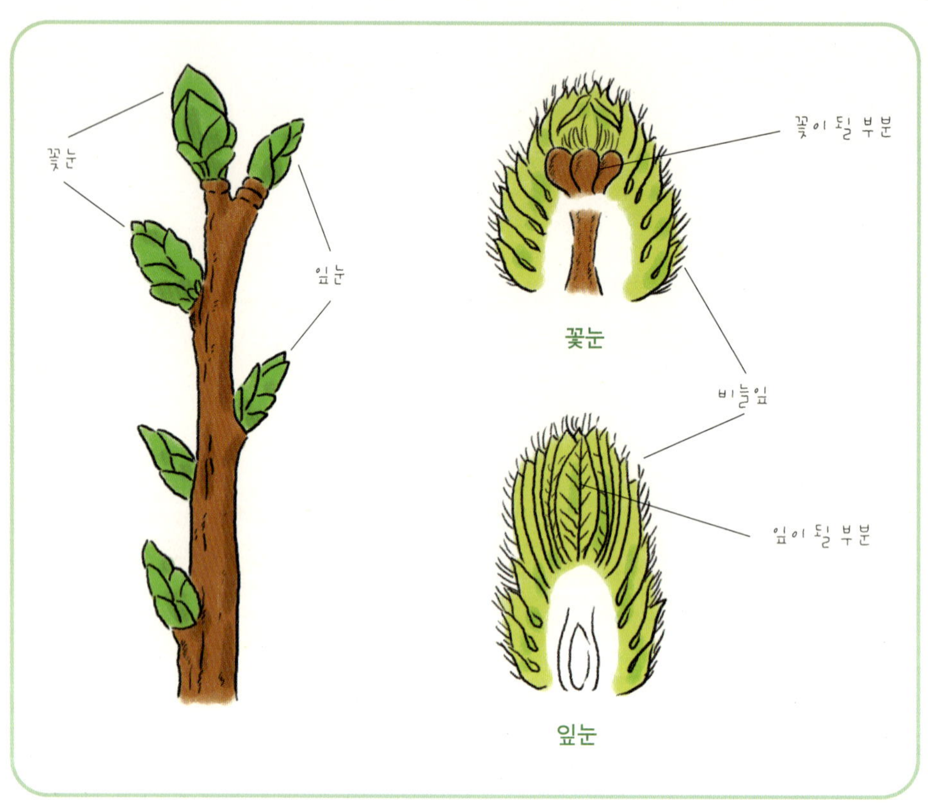

내가 만든 학교숲 우표

이런 활동이에요

올해 학교숲에서 발견했거나 평소에 알고 있었던 동식물을 생각해 보며 학교숲에 대한 나만의 우표를 만들어 본다.

- **관련 교과** : 미술
- **교수·학습 방법** : 창작법
- **주제** : 학교숲과 관계 맺기
- **활동 목표** : 지식, 인식, 기능

활동 목표

학교숲 우표 만들기 활동을 통해 학교숲 및 구성원의 특징과 생김새를 자세하게 관찰한다.

이런 것이 필요해요

학교숲 화보

동식물 우표나
크리스마스실

활동지

사인펜

학교숲 사진

색연필

① 학교숲에 있는 동식물 중 알고 있는 생물들의 이름, 특징, 생김새를 서로 말해 본다. 그 중 특별히 좋아하는 생물이 있다면 그 이름, 특징, 이유 등을 말해 본다.

② 우표에 관한 경험을 이야기한다. 즉, 편지를 보내 본 경험이 있는지, 편지에서 우표는 무엇을 하는 것인지 생각하면서 경험을 이야기한다.

③ 우리나라와 다른 나라의 동식물 우표를 감상하고, 동식물을 우표에 나타낸 이유는 무엇일지 생각해 본다.

④ 학생들이 돌아가며 감상한 느낌을 나눈다.

⑤ 학교숲 동식물 중 내가 좋아하는 것으로 우표에 나타낼 동식물을 선정한다.

⑥ 동식물의 특징과 생김새가 잘 나타나도록 우표를 그린다.

⑦ 각자 만든 학교숲 우표를 발표한다. 이때, 내가 우표에 그린 학교숲 동식물의 이름과 이를 선택한 이유 등을 발표한다. 또한 다른 학생들의 우표를 감상하고 난 후의 느낀 점을 이야기한다.

① 학교숲의 구성원으로 우표를 만드는 활동을 통해 학교숲의 생물들을 보다 더 잘 이해할 수 있다.
② 학교숲에 대해 애정과 관심을 갖게 된다.

활동 도우미

① '학교숲 잔치를 열어요' 또는 '숲 속 아지트로의 초대'에서 작성한 초대장에 우표를 붙여 보낼 수 있다.
② 학생들이 만든 우표를 직접 우체국에서 제작하여 학교에서 발송하는 우편물로 팔거나 기념품으로 판매하는 것도 가능하다.

교육 과정과의 연계성
국어(읽기) 2학년 1학기 둘째마당. 이야기가 재미있어요
미술 5학년 2. 전체와 부분

•동물 우표

•식물 우표

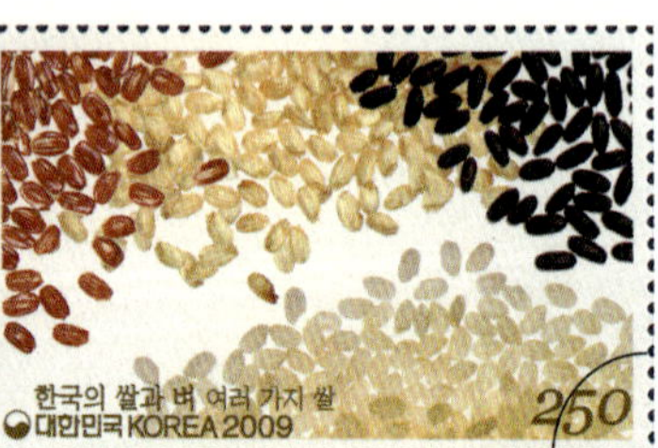

*참고 자료의 동식물 우표는 정보통신부 우정사업본부 우표팀에서 제공함.

• 식물 우표

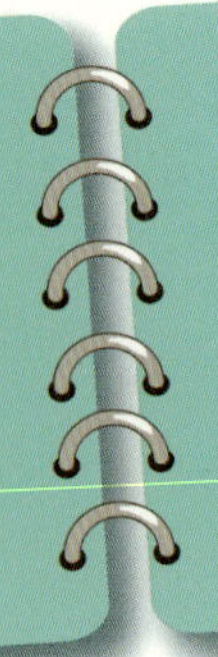

학교숲 신문 만들기

이런 활동이에요

학교 환경에서 진행할 수 있는 글쓰기 활동 중 하나는 신문과 소식지 만들기이다. 학교숲 신문은 발행 주기에 따라 수시로 제작될 수 있지만, 한 학기에 한 번 또는 한 계절에 한 번 제작되는 것이 바람직하다. 학교숲 신문은 학교숲과 운동장, 주변에서 일어나는 사계절의 변화, 자연의 특징, 자연에서 일어나는 활동을 상세하게 기록할 수 있으며, 학교숲과 관련된 사회적이고 경제적인 활동도 포함할 수 있다. 또한 이 활동에서는 학교숲 신문을 만드는 과정을 통해 신문이 우리 생활에 제공하는 정보의 특성과 영향 등을 이해하게 된다.

- **관련 교과** : 국어, 사회, 미술, 과학
- **교수·학습 방법** : 조사, 토론, 창작법
- **주제** : 학교숲과 우리 마을
- **활동 목표** : 지식, 인식, 기능

활동 목표

- 신문 제작 과정의 다양한 역할 및 기능을 습득하고 이해한다.
- 학교숲에 관한 내용을 보도함으로써 학교숲에 대한 홍보를 할 수 있다.

     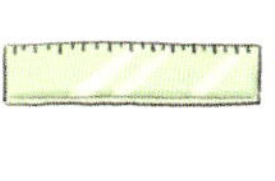

| 필기도구 | 여러 종류의 신문 | 환경에 관한 기사 | 가위 | 풀 | 자 |

1. 신문 이해하기

① 학생들에게 신문을 얼마나 자주 보는지, 또는 주로 어느 면이나 어떤 내용을 읽는지 묻고 신문에 여러 가지 내용을 포함하는 것이 왜 필요한지, 왜 신문이 중요한지 생각해 보도록 한다.

② 모둠별로 여러 종류의 신문을 모아서 내용을 검토하게 한다. 이 신문은 각자의 집에서 가져오게 하여 준비한다. 이때 각 신문의 지면이 어떻게 구성되어 있는지 검토하게 한다. 만일 학생들이 어려워하면 교사가 이를 설명해 줄 수 있다.

③ 여러 개의 신문기사 중에 같은 환경 문제를 다루는 기사를 모아서 오린다. 이를 각 모둠에서 큰 소리로 읽게 한 후 기사의 목적과 종류를 파악하게 한다. 이때 이 기사가 정보를 제공하기 위한 것인지 의견을 주장하는 것인지, 기자의 입장은 무엇인지, 거기에 대한 학생들의 생각은 무엇인지를 이야기하게 한다.

④ 각 모둠별로 신문을 다시 읽게 한다. 이때, 강한 인상이나 감정을 일으키는 단어나 구를 선택하여 이를 기록하고, 그 말의 효과를 토론하게 한다.

2. 학교숲 신문 만들기

① 모둠별로 학생들이 중점적으로 다룰 문제를 생각하게 한다. 이때 학생들이 학교숲에 관한 문제나 학교숲에 관한 정보들 중 알고 싶은 것이 무엇인지 생각하면 좋다.

② 정해진 문제에 대해 학생들이 정보를 조사하여 신문기사로 작성하게 한다. 이를 위해 기사를 쓰기 전에 먼저 쓰고 싶은 사실이나 강조하고 싶은 의견을 나열하여 관점을 명확히 할 수 있고, 정보 수집은 인터넷 등 기존의 자료들을 탐색하거나 학교 구성원의 인터뷰, 설문 조사 등을 이용하여 할 수 있다. 이때, 기사를 통해 학교숲에 관한 정보를 제공할 것인지, 특정한 의견을 주장할 것인지를 정하도록 한다.

③ 학교숲에 관련된 신문기사와 함께 신문에 함께 실을 광고 내용도 검토하여 제작하도록 한다. 학급에서 만드는 경우 각 모둠당 지면 한 면을 부과하되, 광고란을 포함하여 제작하도록 할 수 있다. 광고는 역시 여러 신문들에 제공된 것을 참고하도록 한다. 이때 광고주는 학교숲이 되거나 학교숲에 사는 특정 동식물이 될 수 있도록 설정할 수 있고, 광고의 형식은 다양하게 포함될 수 있도록 한다.

④ 작업이 끝나게 되면 모둠 내에서 큰 소리로 읽고 검토하게 한 후 전체가 모여 다시 한 번 이를 검토하는 과정을 거치게 한다. 이때, 작성된 기사가 사실 전달 또는 의견 주장이 목적인지, 이에 감정적인 내용이 포함되어 있는지, 독자를 충분히 설득할 수 있는 내용인지 검토할 수 있다.
⑤ 각 모둠에서 만들어진 기사와 광고 등을 모아 신문 형식으로 묶고, 이를 인쇄하여 배포한다.

기대 효과

① 신문이 제작되는 과정을 이해할 수 있다.
② 학교숲에 관한 내용을 기사화함으로써 학교숲에 대해 홍보할 수 있다.
③ 신문이 포함된 기사가 사실 전달, 의견 주장 등 어떤 목적을 가지고 기술된 것인지 구분할 수 있고, 이로부터 객관적인 기사를 작성할 수 있는 능력을 기를 수 있다.

활동 도우미

① 이 활동은 '학교숲 안내 책자 만들기', '학교숲 ○○○지도 그리기' 등과 연계되는 활동이다.
② 신문을 만들 때는 신문 제작 절차도 중요하지만, 조사한 내용을 직접 기사로 쓰는 것이 더욱 중요하므로 기사 쓰기에 중점을 둘 수 있도록 지도한다.
③ 신문 제작의 가장 큰 목적은 학교숲과 주변의 환경 문제에 대한 인식을 하는 것이다. 그러므로 일반적인 내용보다는 직접적으로 관련된 문제를 담아내는 것이 좋다. 따라서 학교숲이나 학교 안의 쓰레기 분리수거, 학교 운동장을 이용하는 동네 주민들의 쓰레기 무단 투기(담배꽁초 버리기) 등 실제적인 내용 등을 포함하여 기사를 작성하도록 지도한다.

교육 과정과의 연계성
국어(읽기) 3학년 2학기 셋째마당. 커 가는 우리/3학년 2학기 다섯째마당. 친구와 함께/5학년 1학기 넷째마당. 이리 보고 저리 보고,
국어(말하기 듣기 쓰기) 5학년 1학기 다섯째마당. 행복한 만남/5학년 2학기 셋째마당. 경험과 상상/5학년 2학기 다섯째마당. 아끼며 사랑하며
사회 3학년 2학기 1. 우리 고장의 노습
미술 6학년 9. 알리는 것 꾸미기
과학 6학녀 7. 쾌적한 환경

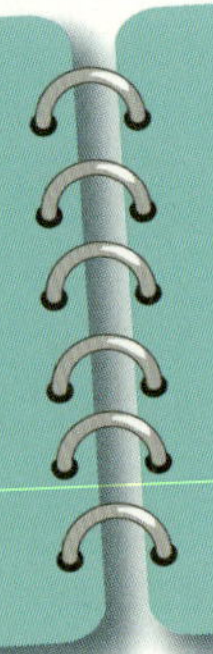

학교숲 안내 책자 만들기

이런 활동이에요

학생들은 학교를 신입생이나 학부모들에게 소개할 수 있는 안내 책자를 만드는 일에 흥미를 가질 수 있다. 안내 책자는 학교의 역사에 관련된 부분을 포함할 수 있을 뿐만 아니라, 학교숲에 대한 안내, 학교 산책로 또는 탐방로를 기술할 수 있으며, 그 장소를 이용하는 방법에 대한 정보를 포함할 수 있다. 이 활동은 학생들이 여행과 관련된 책자, 학교의 입학안내서, 대중을 위한 숙박 장소 및 신문과 잡지 광고를 포함해, 상업적으로 만들어지는 광고 자료를 이해하거나 제작하는 능력을 습득하는 데에도 도움이 된다.

- **관련 교과** : 국어, 사회, 미술, 과학
- **교수·학습 방법** : 프로젝트법, 창작법
- **주제** : 학교숲과 우리 마을
- **활동 목표** : 지식, 인식, 기능

활동 목표

- 학교숲의 정보를 알리는 다양한 방법을 알게 된다.
- 학교숲 안내 및 학교 안내를 위한 책자를 만드는 데 필요한 여러 가지 기능을 습득한다.

① 학생들을 4~5명의 모둠으로 구성하고, 학교 구성원이나 학교 방문자를 위해 학교숲을 안내할 책자를 만들기 위한 계획을 세우도록 한다. 이때, 책자의 크기, 포함될 내용, 제작 비용 마련 방법 등도 함께 논의하고 이를 포함하게 한다.

② 학교숲 안내 책자에 포함될 내용을 수집, 정리한다. 이때 학교숲 지도 만들기를 선행 활동으로 하여 이 지도가 만들어진 것이 있으면 이를 포함할 수 있다. 또한 학교숲의 사계절을 모니터한 자료, 학교숲의 동물, 학교숲의 식물, 학교숲의 곤충 등 관련 자료를 포함하면 내용이 풍부해질 수 있다.

③ 수집된 자료로 안내 책자를 만든다. 이때 안내 책자는 다양한 형태로 제작하여 전시하고 배포한다. 예를 들어 학내 전시용이라면 포스터 형식으로 제작하여 전시할 수 있고, 신입생이나 방문자 등을 위한 소개를 목적으로 다량 제작할 필요가 있다면 학교 구성원 및 학교 관련된 개인 및 단체들로부터 기부금을 받아 광고나 후원란에 표시할 수 있다.

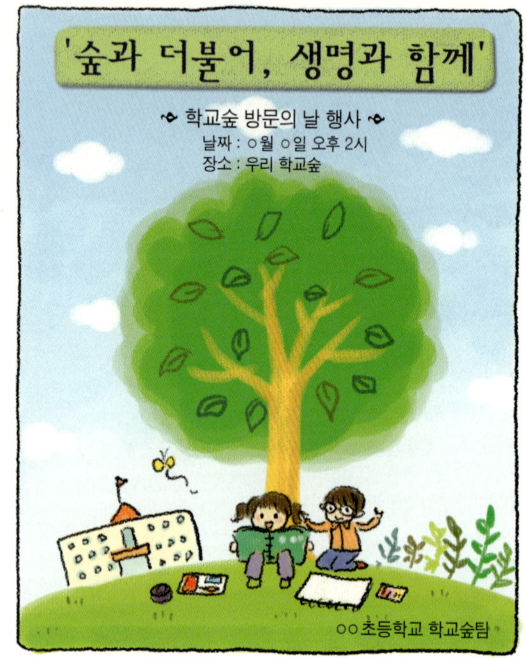

포스터

기대 효과

① 학교숲 안내 책자를 출판하기 위해서 학생들이 학교숲의 여러 가지 특성을 자세히 관찰하는 기회를 가질 수 있다.
② 안내 책자를 만드는 과정에서 다양한 자료를 참고함으로써 정보들을 이해하는 방법과 정보들 이면에 숨어 있는 내용들을 파악할 수 있는 매체 소양(media literacy)를 기를 수 있다.

활동 도우미

① 학교숲 안내 책자는 꼭 책자 형식일 필요가 없으며, 브로셔와 같은 간단한 형태로 만들 어도 좋다.
② 이 활동은 '학교숲 신문 만들기' 활동, '학교숲 지도 만들기' 활동과 연계하여 실시할 수 있다. 또한 학교숲 생물 모니터링 활동과 연계할 경우 더욱 더 효과적일 수 있다.
③ 학교숲 안내 책자뿐만 아니라 학교숲과 관련하여 특정 캠페인을 실시하면서 이를 위한 자료를 만들 수도 있다. 이때 학교의 자긍심을 높이는 캠페인을 계획하면서 학교 내부 또는 외부에 제시할 수 있는 슬로건과 포스터 등을 만들 수 있다. 슬로건은 학생들의 바람직하지 않은 행동 특성을 바꾸고 우정을 촉진하거나 주인 의식 등을 증가시키는 데에 도움이 되는 내용을 선택하도록 한다.
④ 완성된 학교숲 안내 책자 또는 학교숲 캠페인 안내 책자 등은 적절한 곳에 전시하여 학 생들이 자부심을 느낄 수 있도록 한다.

교육 과정과의 연계성
슬기로운 생활 2학년 2학기 1. 우리 마을
사회 3학년 1학기 1. 우리 고장의 모습
미술 6학년 9. 알리는 것 꾸미기

봄

봄은 만물이 소생하는 계절로 나무들이 잎을 틔우고 꽃들이 만발하는 등
놀라운 변화가 일어난다. 이른 봄에 학교숲에서는 새싹을 관찰하고 꽃피는 과정을
관찰하는 등 여러 가지 변화를 살펴볼 수 있으며, 지렁이 등 동물들도 관찰할 수 있다. 또한
봄은 학교숲에 나무를 심는 등 실제적인 학교숲 만들기를 할 수 있는 계절이다.

봄에 학교숲과 관련하여 다루기 적합한 주제는 변화, 생명의 씨앗, 학교숲과 관계 맺기, 학교숲 관리, 학교숲 구성원 등이며, 각 주제와 관련하여 다양한 활동이 이루어질 수 있다. 먼저 **제일 먼저 누가 나올까?**, **숲 속을 걸어요**, **어라~ 달라졌네!** 등의 활동을 통해 학교숲의 변화를 관찰하며, **목이 아파요** 등을 통해 봄에 자주 발생하는 황사 현상과 숲을 관련지어 본다. 또한 **너는 내 친구**, **학교숲의 꿀벌이 되어 보자** 등의 활동을 통해 학교숲과 관계 맺기를 할 수 있으며, **학교숲 잔치를 열어요**, **나무는 무엇으로 심을까요?**, **나무가 아파해요!** 등의 활동을 통해 학교숲을 실제로 조성하고 관리하는 경험을 한다. 또한 학교숲의 중요한 구성원인 지렁이를 통해 학교숲에 나무만 있는 것이 아니라 그 속에 살고 있는 동물들도 있음을 이해할 수 있다. 또한 **지렁아, 지렁아! 집 줄게**, **무럭무럭 자라요!**, **지렁아~ 놀자!** 등의 활동을 통해 순환의 개념을 이해하고 이에 친근감을 길러줄 수 있다.

봄에 이루어지는 활동은 학교숲과 실내 모두에서 함께 이루어지는 것이 좋으며, 특히 학교숲의 변화를 관찰하고 모니터하는 활동은 환경 교육에서 중시하고 있는 감수성을 기르기에 적합한 활동이다. 또한 단순히 학교숲에 나무를 심는 활동 또한 학생 등 학교 구성원에 의미 있는 교육적 활동으로 구성하여 학교숲을 좀 더 자기화할 수 있는 기회를 제공한다.

변화

제일 먼저 누가 나올까?
숲 속을 걸어요
나무는 무엇으로 심을까요?

학교숲과 관계 맺기

너는 내 친구
학교숲의 꿀벌이 되어 보자
학교숲에서 무엇을 할까?
어라~ 달라졌네!
목이 아파요

학교숲 만들기

학교숲 잔치를 열어요
아낌없이 주는 나무
나무가 아파해요!

순환

지렁아, 지렁아! 집 줄게
무럭무럭 자라요!
지렁아 - 놀자!

제일 먼저 누가 나올까?

초등 전학년　　2차시　　학교숲(나무 식재 장소)　　봄

이런 활동이에요

봄은 변화의 시작점인 동시에 끊임없는 변화가 일어나는 시기이다. 무심코 보아 왔던 나무들의 개화 시기와 개화 모습 등을 관찰하고 찾아보면서, 다양한 변화를 알고 느낄 수 있다. 이 활동에서는 학기가 시작되는 3월초부터 5월까지 꽃을 피우는 나무들의 개화 시기와 개화 모습을 관찰하고 기록하면서 나무의 변화에 대해 살펴본다.

- **관련 교과** : 과학, 미술
- **교수·학습 방법** : 실습, 조사, 관찰, 그리기, 사진 찍기
- **주제** : 학교숲 알기, 학교숲과 생태계
- **활동 목표** : 지식, 인식, 기능, 태도

활동 목표

- 계절 변화에 따라 함께 변화하는 생물들의 생활을 이해한다.
- 이른 봄부터 늦은 봄까지 나무들의 개화 시기를 안다.
- 봄에 개화하는 꽃들의 종류와 순서를 통해 식물의 변화를 느낄 수 있다.

이런 것이 필요해요

돋보기

필기구

활동지

사진기

나무사전

① 새싹을 관찰해 보자.

　가. 잔디밭이나 포장이 되지 않은 땅을 돋보기로 관찰하여 새싹이 돋은 곳이 있는지 관찰한다.

　나. 새싹의 모양과 크기 등을 관찰하고 흰 종이에 그린다.

　다. 사진기가 있을 경우 가까이에서 새싹 사진을 찍는다.

　라. 교실로 들어와 새싹이 어떻게 생겨났을지에 대해 토론해 본다.

② 학교 안에서 꽃이 피어 있는 나무에는 어떤 것들이 있는지 조사해 본다.

③ 3월부터 매주 밖으로 나가 나무에 꽃봉오리가 맺혔는지, 꽃이 피었는지, 잎이 새로 나고 있는지 등을 관찰하고 기록한다.

④ 나무에 꽃이 피기 시작하면, 그림과 사진으로 기록해 나간다.

⑤ 5월말까지 꽃나무에 꽃이 피고 지는 기록들을 달력으로 꾸며 본다.

① 우리 학교의 식물 변화 조사를 통해 장소감을 가질 수 있다.
② 꽃나무들의 개화 시기를 관찰함으로써 자연의 변화를 느낄 수 있다.
③ 식물의 변화 관찰 활동을 통해 관찰력을 향상시킬 수 있다.

활동 도우미

① 학교숲의 꽃나무를 관찰하지만, 이름을 모르는 경우가 많을 수 있으니, 사전에 학교에 있는 나무 등에 관한 슬라이드나 그림을 보여 주면 좋다.
② 달력 꾸미기를 할 때, 단순한 꽃나무 스케치가 아닌 나무의 특징을 살려 창조적으로 꾸밀 수 있도록 지도한다.
③ 3월부터 5월까지 매주 나무의 개화 상태를 조사할 수 있도록 한다. 이때 변화가 급격히 일어나는 시기에는 조사 간격을 좀 더 줄일 수 있다.

교육 과정과의 연계성
슬기로운 생활 1학년 1학기 1. 봄나들이/2학년 1학기 2. 살기 좋은 우리 집

봄이 되면 많은 종류의 나무들이 새로운 생명을 시작합니다.

우리 학교숲의 꽃나무 중 제일 먼저 꽃을 피우는 나무는 누구인지, 어떠한 모습으로 피고 지는지, 제일 먼저 꽃을 피우는 나무와 뒤를 이어 꽃을 피우는 나무를 파악할 수 있도록 3월부터 5월까지 꽃나무의 개화 시기를 관찰하고 기록해 봅니다.

이름	3월						4월						5월					
	5	10	15	20	25	30	5	10	15	20	25	30	5	10	15	20	25	30
벚꽃																	O	

벚꽃 : ____

____

: ____

____

: ____

____

: ____

____

봄이 되면 많은 종류의 꽃나무들이 우리의 눈과 코를 즐겁게 해 줍니다.

사람들은 봄이 되면 꽃이 피는 것을 당연하게 생각합니다. 그런데 꽃이 필 때는 저마다 정해진 순서가 있어서 한 종류의 꽃나무가 피고 질 때쯤이면 다른 예쁜 꽃나무에서 꽃이 피기 시작하는 등 나름대로의 규칙이 있습니다.

제일 먼저 꽃을 피우는 나무와 뒤를 이어 꽃을 피우는 나무를 관찰하고 기록하여, 꽃나무 달력을 만들어 봅시다.

숲 속을 걸어요

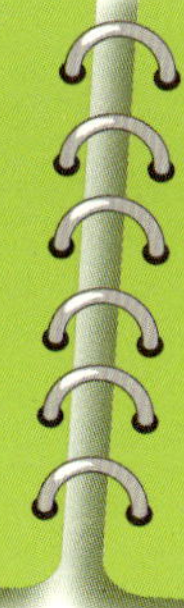

🌱 초등 전학년　⏰ 3차시　🏫 학교숲(우리 학교)　☺ 봄

이런 활동이에요

학교숲을 걸으면서 그냥 지나쳤던 숲에 대해 관심을 갖고 학교숲이 조성되기 전에 어떤 모습이었는지, 학교숲 조성 후에는 어떤 모습인지 비교해 본다.

- **관련 교과** : 사회, 미술
- **교수·학습 방법** : 조사, 관찰, 그리기
- **주제** : 학교숲 알기, 학교숲과 관계 맺기
- **활동 목표** : 지식, 인식, 기능, 태도

활동 목표

- 학교숲 조성 전에 학교를 둘러보면서 학교의 모습이 어떠한지 기억한다.
- 학교숲에 대해 알고 관심을 갖는다.
- 학교숲에 대한 꿈을 키운다.

이런 것이 필요해요

식물도감

종이와 연필

사진기

학교 지도

① 학교숲 조성 전에 학교 교정을 천천히 걸어 본다. 이때 학교 안에 어떤 것들이 있
   는지 살펴본다.
② 미리 준비된 학교 지도에 관찰된 나무나 기타의 것들을 표시한다.
③ 자기가 생각하기에 좋은 장소와 그렇지 못한 장소들을 사진 찍어 놓는다.
④ 학교숲을 어떻게 꾸미면 좋을지 친구들과 함께 이야기해 본다.
⑤ 내가 만드는 학교숲을 꿈꾸어 본다. 이때, 꿈꾼 내용을 그림으로 그리거나 모형으
   로 만들어 본다.

① 학교숲 조성 전에 학교를 둘러봄으로써 학교숲에 대해 알고 관심을 가질 수 있다.
② 내가 꿈꾸는 학교숲을 생각해 보고, 그리는 동안 학교숲에 대한 꿈을 키우고 학교숲과 나와의
  관련성을 느낄 수 있다.

 활동 도우미

① 학교숲이 조성되기 전 학교에서는 학교숲 꿈꾸기에 초점을 두어 활동할 수 있다.

② 이미 학교숲이 조성된 학교라면, 내가 바라는 학교숲에 초점을 두고 학생들이 학교숲
  의 변화에 관심을 가지거나 학교숲에 장소감을 가질 수 있도록 지도한다.

교육 과정과의 연계성
즐거운 생활 1학년 1학기 5. 아름다운 우리 마을
미술 4학년 1. 자연의 색/5학년 11. 우리 마을

학교숲 지도를 만들어 봅시다.

학교숲을 자세히 둘러보면서 무엇이 있는지 지도에 표시해 봅시다.

✽ **1.** 학교숲 중 가장 마음에 드는 곳의 사진을 붙여 보고 그 이유를 말해 봅시다.

✽ **2.** 학교숲 중 가장 마음에 들지 않는 곳의 사진을 붙여 보고 그 이유를 말해 봅시다.

3. 내가 꿈꾸는 학교숲을 그려 보고 발표해 봅시다.

이런 활동이에요

나무를 심는 기구들, 특히 농기구에 대해 알아보고, 옛날 선조들이 사용했던 농기구와 현재의 농기구의 특징과 차이점, 사용 방법 등에 대해 알아본다.

- **관련 교과** : 사회, 실과
- **교수·학습 방법** : 조사, 토론
- **주제** : 학교숲과 관계 맺기
- **활동 목표** : 지식, 기능

활동 목표

- 각종 농기구들의 이름과 쓰임새를 안다.
- 옛 선조들이 기계화되지 않았던 농기구들을 어떻게 사용했는지 이해한다.

이런 것이 필요해요

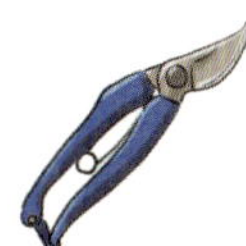

| 삽 | 호미 | 낫 | 모종삽 | 전정가위 | 사진 |

① 현재 농촌에서 사용하고 있는 농기구에는 어떤 것들이 있는지 조사해 본다.

② 옛날에는 무엇으로 농사를 짓고 나무를 심었을지 상상해 보고 이야기해 본다.

③ 참고 자료 혹은 인터넷에서 찾을 수 있는 옛날 농기구들의 모습을 보고 그 쓰임새를 토론해 본다.

④ 이 농기구들이 현재에는 어떤 농기구와 유사하거나 같은 역할을 했는지에 대해 찾아본다.

⑤ 나무 심기에 사용되는 농기구에는 어떤 것들이 있는지 이야기해 본다.

기대 효과

나무를 심는 각종 기구의 사용 방법 등에 대해 익힐 수 있다.

활동 도우미

쉽게 구할 수 있는 호미 등 간단한 기구들은 실제 모습을 보여 줄 수 있다.

교육 과정과의 연계성
사회 3학년 2학기 1. 우리 고장의 모습
실과 5학년 3. 꽃과 채소 가꾸기

요즘 사용되는 농기구의 종류에 대해서 알아봅시다.

트랙터	경운기	

옛날에 사용되었던 농기구의 종류에 대해서 알아보자.

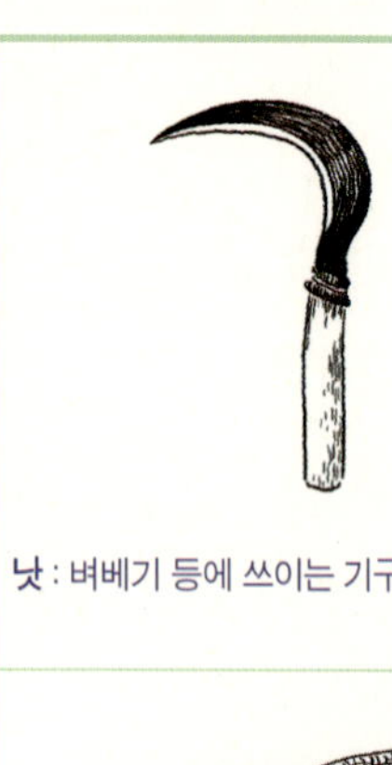

낫 : 벼베기 등에 쓰이는 기구

극젱이 : 골타기, 김매기, 갈이 등에 사용하는 기구

발고무래 : 흙 고르기, 부수기, 덮기에 쓰이는 기구

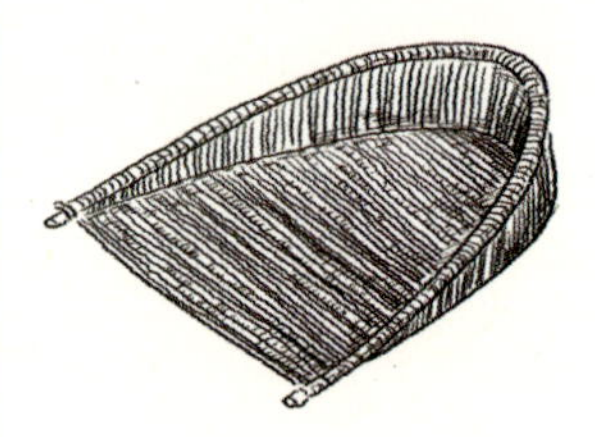

삼태기 : 곡식 나르기, 거름 내기 등에 사용하는 기구

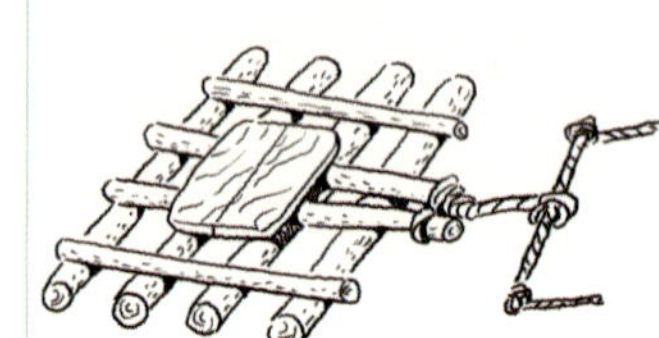

그네 : 벼털기, 짚 추리기 등에 사용하는 기구

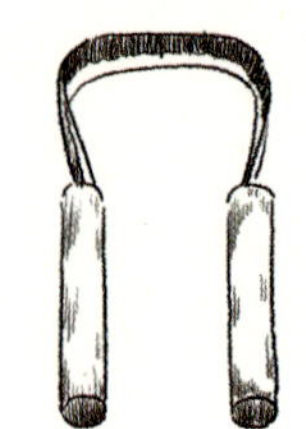

반달낫 : 나무 다듬기에 쓰이는 기구

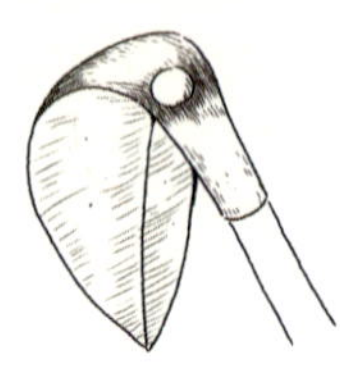

괭이 : 밭갈이, 땅파기, 김매기 등에 사용하는 기구

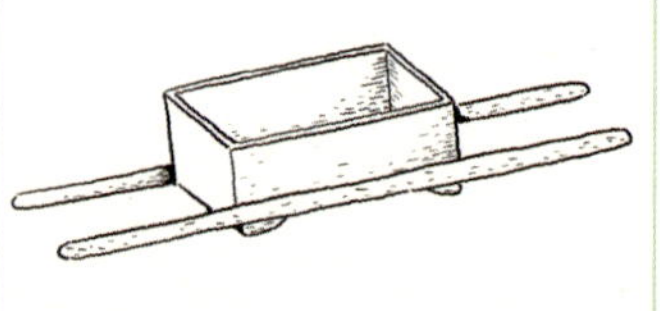

끙게 : 씨를 뿌린 후 흙을 덮는 기구

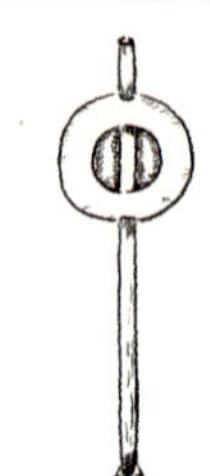

드베 : 씨를 적당히 뿌리기 위한 기구

갈퀴 : 흙 고르기, 덮기, 검불 모으기 등을 하는 기구

가자 : 곡식, 음식 등 짐을 나르는 기구

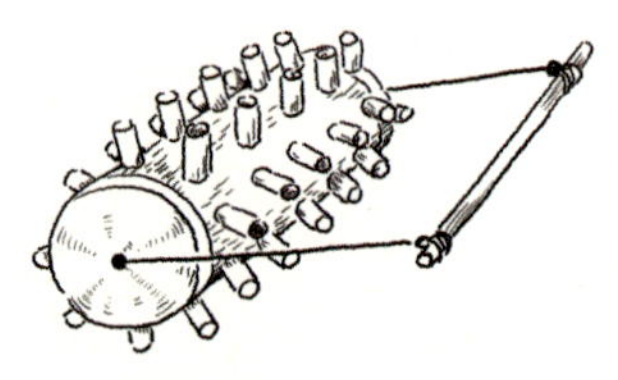

궁굴대 : 흙 다지기, 보리밟기 등에 사용하는 기구

너는 내 친구

이런 활동이에요

학교숲을 둘러보고 학교숲에는 어떤 것들이 있는지 살펴보고 느껴 본다. 학교숲 구성물들 중 각자의 마니또를 하나씩 정해 한 학기 동안 마니또를 보살펴 주고 사랑하는 마음을 갖는다.

- **관련 교과** : 과학, 도덕, 사회, 미술
- **교수·학습 방법** : 탐구, 관찰, 조사, 쓰기
- **주제** : 학교숲 알기, 학교숲과 관계 맺기
- **활동 목표** : 지식, 인식, 기능, 태도

활동 목표

- 학교숲을 구성하고 있는 것이 무엇인지 살펴본다.
- 학교숲의 크고 작은 생물과 무생물의 소중함을 느낄 수 있다.
- 마니또를 만들어 학교숲에 대한 관심을 기르고 애착을 가질 수 있다.
- 학교숲과 나와의 관계성을 느낄 수 있다.

이런 것이 필요해요

식물도감

종이와 연필

사진

돋보기

1. 학교숲 살펴보기

① 친구들, 선생님과 함께 말없이 학교숲을 천천히 돌아본다.

② 돌아보고 난 후 학교숲에 무엇이 있었는지 생각해 본다. 이때 보았던 것들 중 가장 기억에 남는 나무나 곤충, 돌 등 생물이나 자연 속의 대상 등이 있는지를 떠올려 본다.

③ 기억을 되짚으며 다시 한 번 학교숲을 둘러보고, 사진기로 인상 깊은 것을 찍거나 연필로 종이에 스케치한다.

2. 마니또 정하기

① 학교숲을 다시 돌아보고 난 후 가장 마음에 드는 구성원(나무나 곤충, 돌 등 생물이나 자연 속의 대상)을 하나 정해 마니또로 삼는다.

② 각종 자료를 통해 마니또에 관한 정보를 조사, 기록한다. 이때 사용할 수 있는 자

자료는 도감 등이며, 조사할 내용은 활용 습성, 형태, 식물의 경우 개화 시기, 관리 방법 등이다.

③ 왜 그것을 마니또로 삼게 되었는지에 대해 친구들과 이야기해 본다.

④ 앞으로 마니또를 위해 무엇을 어떻게 할 것인지 생각해 보고 이야기해 본다.

3. 마니또와 함께하기

① 마니또와 함께할 일기장(또는 편지장)을 준비한다.

② 일기장(편지장)에 마니또에 대해 찾아본 자료들을 정리하여 맨 앞 장에 마니또 소개 포스터(이름표)를 만들어 본다.

③ 일기장(편지장)에 마니또에게 하고 싶은 말이나 마니또의 변화, 내가 한 일 등에 대해 적어 간다.

기대 효과

① 학교숲 구성원 중 하나를 마니또로 삼아 학교숲에 대해 지속적인 관심을 가질 수 있다.

② 학교숲을 소중하게 다루고 관리해야 함을 알 수 있다.

 활동 도우미

① 마니또를 정한 후 관심을 갖고 보살피는 것이 일회적인 활동이 되지 않도록 일정 기간을 두고 다시 보기 시간을 갖는다.

② 학교숲 구성원 중 한 가지에 마니또가 집중되지 않도록 지도한다.

③ 마니또가 되는 대상은 나무나 곤충 등 특정한 살아 있는 것뿐만 아니라 돌, 흙, 학교숲의 한 장소 등의 무생물과 나만의 공간들도 마니또가 될 수 있다는 것을 알려 준다.

교육 과정과의 연계성
슬기로운 생활 1학년 1학기 1. 봄나들이/1학년 1학기 4. 슬기롭게 여름 나기
과학 3학년 2학기 5. 여러 가지 돌과 흙/5학년 1학기 9. 작은 생물/6학년 1학기 5. 주변의 생물

학교숲을 둘러보고 인상 깊었거나 함께하고 싶은 식물이나 동물, 또는 무생물을 찾아봅시다. 그 중 내 마니또를 하나 정해 봅시다.

 **내 마니또의 모습은 이렇습니다.**

마니또의 예쁜 부분 : 특징적인 부분	만져 볼까요?
키는 이만큼입니다.	짜잔, 내 마니또예요.

 **내 마니또에 대해 알아봅시다.**

- 이름 :
- 사는 곳 :
- 특징 :
- 쓰임새 :
- 무엇을 먹는가 :
- (식물이라면) 꽃 피는 시기 또는 열매 맺는 시기 :
- 기타 :

활동지 2 내 마니또에게

마니또에게 하고 싶은 말을 들려주세요.

오늘은 내 마니또와 이런 일을 했어요.

활동지 3 마니또 이름표

내 마니또에게 멋진 별명을 지어 주고, 이름표를 만들어 줍시다.

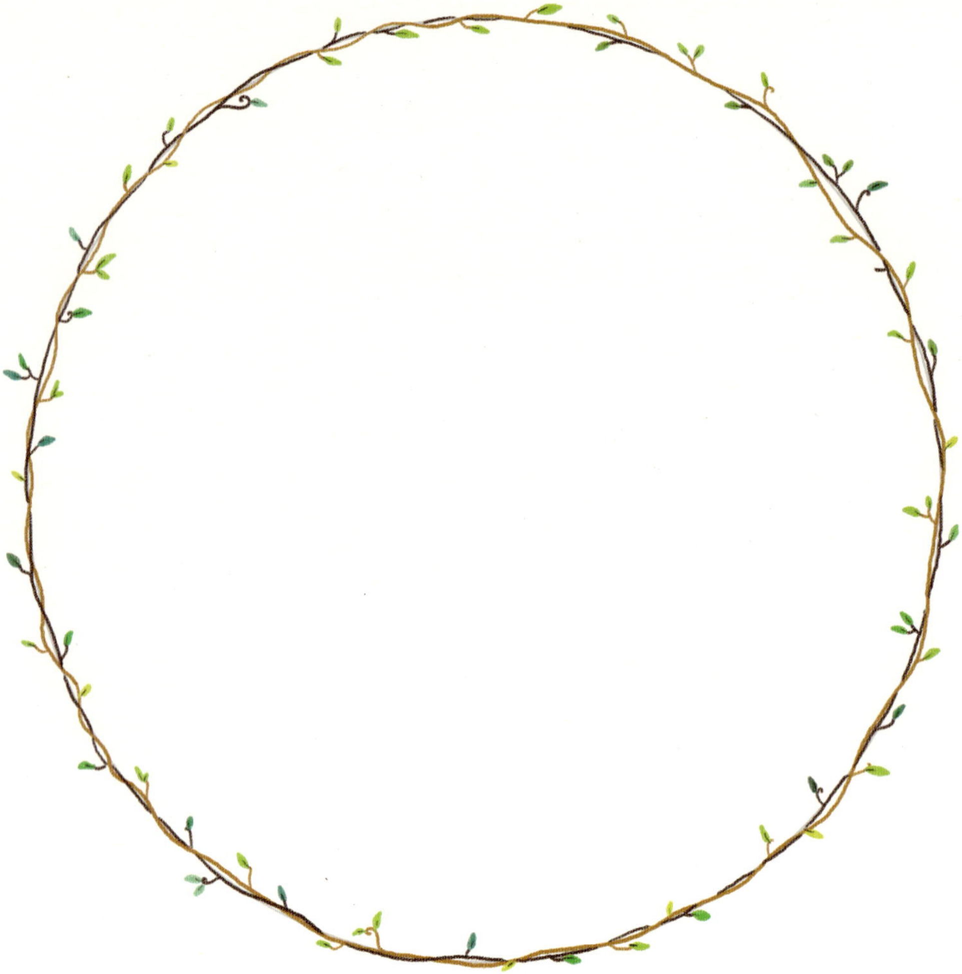

1. 도감이나 인터넷 등 각종 자료를 보고 내 마니또에 관한 자료를 찾아봅니다.
2. 내 마니또의 별명을 지어 보고 왜 그런 별명을 지어 주었는지 이야기해 봅시다.
3. 내 사진과 마니또의 사진을 찍어 이름표를 만들어 봅시다.
4. 이름표를 예쁘게 꾸며 봅니다.
5. 마니또 이름표를 친구들 앞에서 발표해 보고, 일기장(편지장) 맨 앞쪽에 붙여 봅니다.

초등 전학년   1차시   학교숲 전체   봄

이런 활동이에요

학교숲에 살고 있는 생물 중 한 역할을 맡아 그를 표현해 봄으로써 생물의 특성을 이해하게 되고, 다른 학생들과의 상호작용을 통해 생물끼리의 상호작용 등을 이해한다. 이 활동에서 도입한 역할놀이는 학습자들이 상호 관련을 맺으며 실제 자신의 행위 결과를 즉각적으로 체험하게 되는 역동적인 교수·학습 방법이다. 역할놀이를 통한 간접 체험 활동은 학생들의 관심을 유도하는 데 효과적이며, 인지 수준이 낮은 학생들의 경우 몸으로 움직이는 신체 활동은 학습에 도움을 준다. 체육 시간의 표현 학습에서도 적용 가능하다.

- **관련 교과** : 체육
- **교수·학습 방법** : 놀이
- **주제** : 학교숲 알기, 학교숲과 관계 맺기
- **활동 목표** : 지식, 인식

활동 목표

학교숲에 사는 생물 중 하나인 꿀벌 역할놀이를 해 봄으로써 꿀벌의 행태를 이해한다.

이런 것이 필요해요

여왕벌   수벌   일벌   이름표

① 학교숲에 살고 있는 꿀벌에 대해 간단한 소개를 한다.

    가. 여왕벌: 짝짓기 할 때와 집을 옮길 때를 제외하고는 집 안에서 알만 낳는다.

    나. 수벌: 봄·여름에 태어나 여왕벌과 결혼 비행을 떠나 짝짓기를 한다.

    다. 일벌: 집짓기, 애벌레와 번데기 돌보기, 꿀 모으기 등 여러 일을 맡아서 한다.

② 한 모둠에 5~7명 정도가 되도록 학생들을 나눈다.

③ 학생들은 각자 여왕벌, 수벌, 일벌 중 하나씩 역할을 정하고 역할에 맞는 이름표를 가진다.

④ 이름표 뒤에 적힌 꿀벌의 특징과 역할 등을 숙지한다.

⑤ 학생들에게 역할놀이 방법에 대해 설명한다.

    가. 학생들은 각자 학교숲에 사는 꿀벌 중 한 역할을 부여받는다.

나. 운동장으로 나가 돌아다니다가 다른 친구들과 마주치게 되면 인사를 하고 자기 소개를 한다. 그리고 각 역할 특성에 따른 행태를 표현한다.

—여왕벌은 집에서 알을 낳는 일을 한다.

—수벌은 여왕벌과 결혼 비행을 하게 된다.

—일벌은 온갖 일을 도맡아 한다.

⑥ 학생들은 이름표를 목에 걸고 학교숲으로 나가 각자 맡은 역할을 표현한다.

⑦ 활동을 마친 후, 이름표를 걸고 학생들은 활동지를 작성한다.

⑧ 발표 및 정리 시간을 갖는다.

기대 효과

① 학생들이 학교숲에 살고 있는 생물종의 일원이 되어 봄으로써 생물종의 행동이나 생활 방식을 이해할 수 있다.
② 다른 역할을 맡은 친구들과의 단체 활동을 통해 생물종의 상호작용을 이해할 수 있다.

 ## 활동 도우미

① 학생들이 야외 활동을 할 때, 너무 멀리 나가지 않고 다치지 않도록 주의시킨다.
② 학생들이 야외 활동을 하다 보면 흥분해서 활동지를 작성할 때 소란스럽고 장난스러울 수 있음을 염두에 둔다.
③ 이름표를 만들 때, 학생 수보다 약간 넉넉하게 만들어 모자라는 일이 없도록 한다. 그리고 꿀벌의 특성에 맞게 일벌은 여러 개, 여왕벌은 한 개, 수벌은 두 개 정도를 만든다.
④ 이 활동에서는 '꿀벌'을 가지고 구성하였으나 다른 생물종으로도 활동이 가능하므로 적절히 선택하여 활동하도록 한다.

교육 과정과의 연계성
즐거운 생활 2학년 1학기 4. 찾아보세요.
체육 3학년 표현 활동 2. 우리가 만드는 춤

학교숲에는 많은 생물들이 살고 있고, 서로 상호작용을 하며 살아가고 있습니다. 그 중에 우리는 꿀벌의 역할을 표현해 보았습니다.

1. 나는 어떤 역할을 맡아 표현했으며, 그 역할의 특징은 무엇인가요? 내가 맡은 역할을 간단히 소개해 보세요.

2. 활동을 하면서 어떤 친구들을 만나고 왔나요? 내가 만난 다른 꿀벌을 적어 보세요. 그리고 그 친구들을 만나 무엇을 했나요?

3. 활동 후 느낀 점이나 알게 된 점을 적으세요.

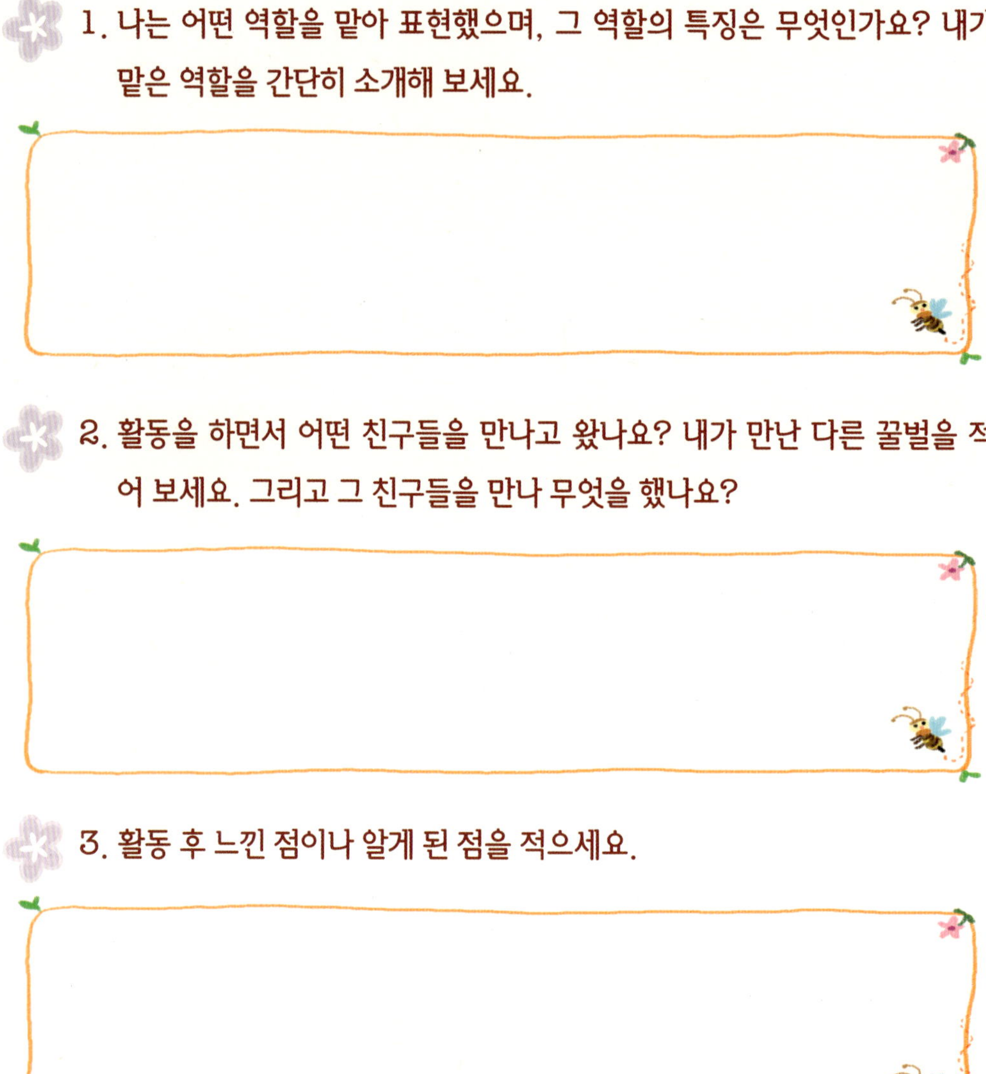

아래의 종이를 오려 반으로 접어 구멍을 뚫어 목걸이를 만들면 이름표가 완성됩니다.

여왕벌

여왕벌은 알을 낳는 능력이 있는 암벌을 가리키며, 벌집 하나에 한 마리만 있다. 다른 벌보다 훨씬 크고 배는 굵고 길며 윤이 나는 갈색이다. 여왕벌은 보통의 암컷과 더듬이 및 머리방패의 가장자리가 암갈색인 점이 다르다. 독침을 가지고 있는데, 이 독침은 여왕벌이 한 벌집에 여럿 태어나는 경우, 다른 여왕벌과 싸울 때에만 쓴다. 큰 턱이 발달되어 있어 태어날 때에 고치를 물어서 찢고 나온다. 여왕벌 주위에는 언제나 일벌이 모여 있어 여왕벌의 몸을 손질해 주고 먹이도 주어 여왕벌은 오직 알 낳는 일만 한다. 집에서 걸어다니며 방마다 더듬이를 넣어 빈 방을 찾아 배를 넣고 알을 하나씩 낳는데, 일벌이 될 알과 수벌이 될 알을 구분하여 낳는다. 수벌과의 결혼 비행 때는 높이 올라가 끝까지 따라온 수벌과 짝짓기를 한다.

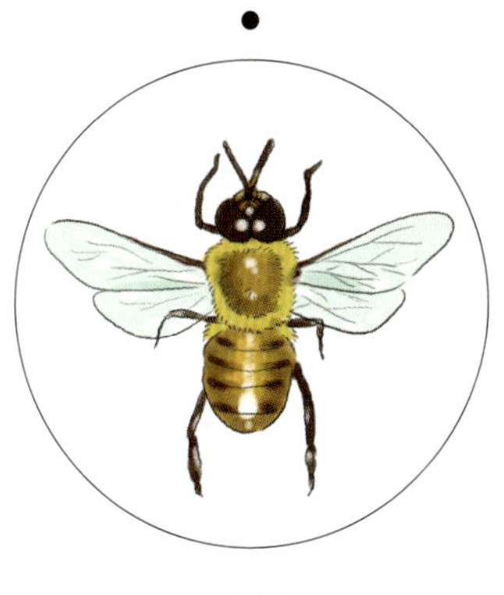

수벌

수벌은 결혼 비행 때 여왕벌을 잃어버리지 않도록 겹눈이 발달되어 정수리에 서로 붙어 있다. 엉덩이가 다른 벌들보다 둥글며, 몸은 조금 더 검다. 싸움을 하지 않으므로 독침은 없으며 스스로 먹이를 구하지 않으므로 주둥이가 퇴화되어 있다. 봄여름에 태어나 일벌의 보호를 받으며 40일 정도 집에서 지내다가 여왕벌과 결혼 비행을 떠나 짝짓기를 한다. 그 밖에는 아무 일도 하지 않으므로 꿀이 적어지는 가을에는 집에서 쫓겨난다.

일벌

일벌은 집을 짓고 애벌레와 번데기를 돌보며 꿀을 치는 일을 하는 벌로서, 생식 기능이 없다. 일벌은 날개가 튼튼하여 먼 곳까지 날아갈 수 있으며, 꿀을 잘 모을 수 있도록 입이 긴 대롱처럼 생겼다. 엉덩이 끝에 독침이 있는데, 독침을 한 번 찌르면 독침과 내장이 함께 빠져나가 죽게 된다. 일벌들은 배에서 나오는 밀랍을 입에서 반죽하여 집을 짓는다. 그리고 꿀과 꽃가루를 모아 오는 일을 하는데, 입을 길게 뻗어 꿀을 빨아 먹고 꽃가루를 온 몸에 묻힌 뒤 둥글게 뭉쳐 뒷다리에 붙인다. 모아온 꿀과 꽃가루는 방에 모아 둔다. 집으로 돌아와서는 엉덩이춤을 추는데, 이는 꽃의 위치를 알리는 신호이다. 가까운 곳에 꽃밭이 있으면 원을 그리며, 먼 곳에 있으면 8자를 그리며 춤을 춘다. 또한 여왕벌의 시중을 드는 일, 적의 침입에 대해 싸우는 일도 한다.

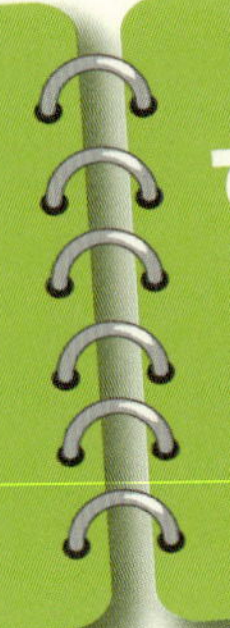

학교숲에서 무엇을 할까?

이런 활동이에요

점심시간이나 쉬는 시간에 학교숲에서 이루어지는 활동이나 게임이 어떤 것들이 있고 학생들 사이에서 무엇이 가장 인기 있는 것인지를 알아본다. 이를 통해서 학교숲에서 주로 어떤 활동이 이루어지는지에 대한 이해는 물론 자연스럽게 데이터를 수집하고 분석하는 방법을 터득할 수 있다.

- **관련 교과** : 수학, 체육
- **교수·학습 방법** : 조사
- **주제** : 학교숲과 관계 맺기, 학교숲에서 보물찾기
- **활동 목표** : 지식, 인식, 기능

활동 목표

- 학교숲에서 주로 어떤 활동이 일어나는지를 안다.
- 데이터를 수집하고 분석해 본다.

이런 것이 필요해요

펜

활동자료지

카메라

① 학교에서 하는 활동 중 학생들이 가장 많이 하는 활동이 무엇인지 생각해 본다.

② 학교에서 쉬는 시간 또는 점심시간, 방과 후에 주로 어떤 활동을 하는지 생각해 본다.

③ 쉬는 시간이나 점심시간에 학생들이 학교숲에 얼마나 머물러 있는지 계산해 본다. 하루 동안 학교숲에 머무는 시간이 얼마나 되는지 물어본다.

④ 쉬는 시간이나 점심시간에 학교숲에 가서 주로 어떤 활동을 하는지 함께 칠판에 적어 가면서 목록을 작성해 본다. 이때 사진을 찍어 분석해도 좋다.

- 산책로 걷기
- 친구와 이야기하기
- 곤충 관찰하기
- 술래잡기(잡기 놀이) 등

⑤ 점심시간과 쉬는 시간에 학교숲으로 가서 학생들이 어떤 활동을 하고 있는지 관찰하고 기록한다. 이때 하루만 기록할 수도 있고, 여러 날 동안 관찰한 것을 기록할 수도 있다.

⑥ 기록한 자료들을 정리하고 다음 질문 중 가능한 문항에 답해 본다.

가. 학생들이 가장 많이 하는 활동은 무엇인가?

나. 저학년들이 가장 많이 하고 있는 활동은 무엇인가?

다. 활동 중 가장 인원수가 많은 활동은 무엇이고, 몇 명이 참여하는가?

라. 활동 중 가장 인원수가 적은 활동은 무엇이고, 몇 명이 참여하는가?

마. 남학생들만 하는 활동은 무엇이고, 어떤 특징이 있는가?

바. 여학생들만 하는 활동은 무엇이고, 어떤 특징이 있는가?

사. 남학생과 여학생이 함께하는 활동은 무엇이고, 몇 가지나 되는가?

아. 쉬는 시간에 하는 활동과 점심시간에 하는 활동이 같은가?

자. 쉬는 시간에 학생들은 몇 가지 활동을 하는가?

차. 점심시간에 학생들은 몇 가지 활동을 하는가?

기대 효과

① 특정 상황을 관찰하는 능력을 키울 수 있다.
② 데이터를 작성하고 기준에 따라 그룹화할 수 있다.
③ 데이터를 목적에 따라 분석할 수 있는 능력을 기를 수 있다.

활동 도우미

① 데이터의 수집은 활동 전에 일정 기간 모둠별로 진행하도록 한다.
② 데이터의 수집은 점심시간이나 쉬는 시간 등 하루의 특정한 시간에 따라 할 수도 있고,
   계절별로 특정 시간의 활동에 대한 것을 대상으로 할 수도 있다. 아침, 점심, 저녁의 세
   영역으로 나누어 볼 수도 있다.

교육 과정과의 연계성
즐거운 생활 1학년 1학기 7. 장단에 맞추어/2학년 1학기 4. 찾아보세요
사회 3학년 1학기 2. 우리 고장 사람들의 생활 모습/5학년 1학기 2. 우리가 사는 지역
수학 2학년 2학기 6. 표와 그래프/3학년 2학기 7. 자료 정리하기/3학년 2학기 8. 문제 푸는 방법 찾기/4학년 2학기 6.
　　　꺾은선 그래프/5학년 2학기 7. 넓이와 무게
체육 3학년 표현 활동 2. 우리가 만드는 춤/3학년 보건 활동 4. 여가 생활

활동명	활동 학년	활동 성별	활동 인원	활동 시간

활동지 1 학교숲 활동조사지

1. 학년별로 가장 인기 있는 활동은 무엇인가요?

학년	활동
1	
2	
3	
4	
5	
6	

2. 가장 많은 인원이 참여하는 활동은 무엇이고, 몇 명이 참여하나요?

3. 남자들끼리만 하는 활동은 무엇인가요?

4. 여자들끼리만 하는 활동은 무엇인가요?

5. 남자와 여자가 어울려서 하는 활동은 무엇인가요?

6. 쉬는 시간에 주로 한 가지 활동을 하나요, 아니면 두 가지 이상의 활동을 하나요?

7. 점심시간에 주로 한 가지 활동을 하나요, 혹은 두 가지 이상의 활동을 하나요?

8. 6번과 7번의 답이 차이가 난다면 그렇게 생각하는 이유는 무엇인가요?

어라~ 달라졌네!

초등 전학년 · 3차시 · 학교숲 · 봄

이런 활동이에요

지난 활동인 '숲 속을 걸어요'에 이어 조성되고 난 후의 학교숲을 살펴보면서 학교 숲에 어떤 변화가 일어났는지에 대해 알아본다. 내가 꿈꾸었던 학교숲과 현재의 학교숲을 비교해 보고, 학교숲을 위해 내가 할 수 있는 일에 대해 생각해 본다.

- **관련 교과** : 사회, 미술
- **교수·학습 방법** : 조사, 관찰, 그리기
- **주제** : 학교숲 알기, 학교숲과 관계 맺기
- **활동 목표** : 지식, 인식, 기능, 태도

활동 목표

- 조성 전 학교숲과 조성 후 학교숲의 비교를 통하여 학교숲의 변화를 이해하고 학교숲의 중요성에 대해 이해한다.
- 내가 꿈꾸었던 학교숲과 현재의 학교숲을 비교해 보고, 학교숲을 어떻게 변화시킬 수 있는지 생각해 본다.
- 활동을 통해 학교숲과 나와의 관련성을 이해한다.

이런 것이 필요해요

식물도감

수목관리도감

종이와 연필

사진

① 학생들을 3개의 모둠으로 나눈다.

② 첫 번째 모둠은 학교숲에 대한 느낌과 좋은 점, 나쁜 점 등을 조사하기 위한 간단한 설문지를 만들어 보도록 한다.

③ 두 번째 모둠은 학생들과 선생님들에게 조성된 학교숲에 대한 느낌을 인터뷰할 수 있도록 질문 내용을 만들어 인터뷰를 준비하도록 한다.

④ 세 번째 모둠은 각자 말없이 인상적인 학교숲을 찾아 그릴 그림도구를 준비하도록 한다.

1. 내가 꿈꾸는 학교숲

① 학교숲이 조성되기 전 내가 꿈꾸었던 학교숲에 대해 자유롭게 이야기해 본다.

② 학교숲이 조성된 후 학교숲을 걸어 본다.

③ 미리 준비된 학교 지도에 관찰된 나무나 기타의 것들을 표시한다.

④ 자기가 생각하기에 좋은 장소와 그렇지 못한 장소들을 사진 찍고 나만의 장소를 선정한다.

⑤ 학교숲 조성 후에 조성 전과 무엇이 달라졌는지 비교해 본다.

⑥ 조성 전후의 달라진 모습과 나만의 장소에 대해 친구들과 이야기해 본다.

⑦ 내가 꿈꾸었던 학교숲과 비슷한 점과 다른 점을 찾아본다.

2. 우리 모두의 학교숲

① 시작 전에 나누었던 모둠별로 모인다.

② 첫 번째 모둠은 교실 밖으로 나가 학생들과 선생님들께 우리 학교숲에서 가장 인상 깊은 부분이나 좋은 점, 혹은 나쁜 점 등에 대해 질문할 수 있도록 설문지를 작성한다(활동지 참고).

③ 두 번째 모둠은 필기도구를 준비하여 첫 번째 모둠과 똑같이 학생들과 선생님께 질문을 하되 인터뷰 형식으로 이야기를 나누고 결과를 정리할 수 있도록 지도한다.

④ 세 번째 모둠은 모둠원 각자가 밖으로 나가 학교숲 중 가장 인상 깊거나 좋은 장소를 택해 나만의 장소와 나만의 그림을 그릴 수 있도록 준비한다.

⑤ 모든 준비가 끝나면 약 2시간 정도의 시간을 주고 교실 밖으로 나가 활동할 수 있
도록 한다.

⑥ 모든 활동이 끝나면, 각 모둠을 다시 셋으로 나누어 설문, 인터뷰, 그리기를 했던
학생들이 골고루 들어갈 수 있도록 새로 모둠을 만든다.

⑦ 새로 만든 모둠에서는 설문, 인터뷰, 그리기 등 각자가 수행했던 활동의 결과를
보고하고 토론한 후 그 결과를 전지에 정리하여 적거나 그린다.

⑧ 각 모둠별로 활동 결과를 발표하고 어떠한 학교숲이 나왔는지 비교해 본다.

기대 효과

① 조성 전 학교숲과 조성 후 학교숲을 비교해 보면서 변화를 느낀다.
② 나만의 학교숲과 우리의 학교숲을 통해 이들 사이의 관련성을 이해할 수 있다.
③ 설문, 인터뷰 등을 통해 의사소통 능력을 증진시킬 수 있다.
④ 다른 사람들이 생각하는 학교숲을 이해하고 존중할 수 있다.

활동 도우미

① 모둠을 나눌 때에는 가능한 한 학생들이 자기가 하고 싶은 활동을 할 수 있도록 지도한다.
② '우리 모두의 학교숲' 활동은 다른 사람들의 의견이나 느낌을 조사하고 정리하면서 다
시 한 번 학교숲과 자신과의 관계성에 대해 살펴볼 수 있는 시간이므로, 시간이 허락되
는 한 충분한 시간을 갖고 진행할 수 있도록 한다.
③ 그림 그리는 모둠에서는 장난치거나 서로 의견을 주고받으며 그리지 않도록 지도한다.
④ '겨울' 활동 중 '우리가 꿈꾸는 학교숲'의 후속 활동으로 연계하여 사용할 수도 있다.

> **교육 과정과의 연계성**
> 미술 4학년 1. 자연의 색

✿ 1. 학교숲 지도를 만들어 봅시다.

조성된 학교숲을 자세히 둘러보면서 무엇이 있는지 지도에 표시해 봅시다.

조성되기 전 학교숲과 어떤 차이가 있는지 비교해 봅시다.

✿ 우리 학교숲에 대해 친구들과 선생님들께 의견을 물어봅시다.

1. 학교숲에는 얼마나 자주 갑니까?

   ① 매일   ② 일주일에 3~4번   ③ 일주일에 1~2번   ④ 전혀 가지 않음

2. 학교숲은 주로 누구와 함께 갑니까?

   ① 혼자   ② 친구들   ③ 선생님   ④ 가족   ⑤ 기타(   )

3. 학교숲에서는 주로 어떤 활동을 합니까?

   ① 놀이   ② 산책   ③ 동식물 관찰   ④ 휴식   ⑤ 운동   ⑥ 기타(   )

4. 가족과 함께 학교숲에 온 적이 있습니까?

   ① 예   ② 아니오

   ↳ 어떤 활동을 하셨습니까?

   ① 놀이   ② 산책   ③ 동식물 관찰   ④ 휴식   ⑤ 운동   ⑥ 기타(   )

5. 학교숲에 무엇이 더 있으면 좋을까요?

   ① 나무   ② 동물 및 곤충   ③ 의자   ④ 연못   ⑤ 기타(   )

6. 학교에서 가장 좋아하는 장소는 어디입니까?

7. 학교숲이 있어서 좋은 점은 무엇입니까?

8. 학교숲에서 가장 마음에 들지 않는 곳은 어디입니까?

9. 학교숲에 바라는 것이 있다면 간단하게 적어 주세요.

10. 학년 : ___학년 , 나이 : ___세 , 성별 : 남 · 여

1. 학교숲에 대한 느낌을 자유롭게 말씀해 주세요.

2. 학교숲 중 가장 좋거나 아름답다고 생각되는 장소는 어디이며, 왜 그렇게 생각하는지 말씀해 주세요.

3. 학교숲 중 가장 마음에 들지 않는 장소는 어디이며, 왜 그렇게 생각하는지 말씀해 주세요.

4. 학교숲 중 가장 좋아하는 장소는 어디이며, 왜 그렇게 생각하는지 말씀해 주세요.

5. 앞으로 학교숲에 바라는 사항에 대해 말씀해 주세요.

나만의 학교숲 공간이나 가장 인상 깊은 장소를 찾았나요?

나만의 학교숲이나 인상 깊은 장소를 멋지게 그려 주세요.

목이 아파요

🌱 초등 고학년　⏰ 1차시　🏫 교실　😊 봄

이런 활동이에요

봄철에 황사 현상으로 인해 눈이 따갑거나 목이 아픈 적이 있는지 실제 경험을 이야기해 보고 그 원인을 알아본다. 이때 황사 현상을 일으키는 요인은 여러 가지가 있지만 학생들의 수준을 고려해 초점을 대기 오염과 산림 파괴 등으로 좁혀 본다. 황사를 방지할 수 있는 대안으로 '나무를 심는 사람'을 감상하고 우리가 실천할 수 있는 방법을 생각해 보도록 한다.

- **관련 교과** : 과학, 사회
- **교수·학습 방법** : 토론, 감상
- **주제** : 학교숲과 주변 환경
- **활동 목표** : 지식, 인식

활동 목표

- 황사 현상이 우리 생활에 미치는 영향을 알아본다.
- 황사 문제 해결을 위해 우리가 할 수 있는 일을 알아본다.

이런 것이 필요해요

'나무를 심는 사람' 동영상 자료

도화지

필기구

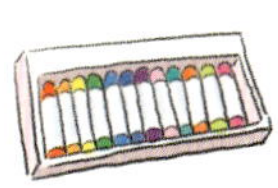

색칠도구

① 봄철에 눈이 따갑거나 목이 아픈 적이 있었는지 물어보고 자신의 경험에 대해 발표해 본다.

② 황사 현상이 왜 일어나는지 각자 생각한 원인을 포스트잇에 적은 후 칠판에 붙여 둔 전지 위에 붙여 보고 비슷한 원인끼리 분류한다.

③ 이때 '사막'이나 '산림 파괴' 등의 단어가 나오면 이것을 중심으로 간단히 황사의 발생 원인과 문제점에 대해 설명해 준다.

④ '나무를 심는 사람' 감상하기 : 비디오 자료나 동영상 링크 사이트에서 감상하고 느낌이나 생각을 이야기해 본다.

① 마을이 황폐화된 이유가 사람들의 이기심과 무분별한 자연 이용임을 확인하고 황사의 원인과 연결지어 생각해 볼 수 있다.

② 나무를 심는 사람의 노력으로 황무지가 풍요로운 마을로 바뀌게 되었음을 이해할 수 있다.

> **교육 과정과의 연계성**
> 과학 6학년 2학기 2. 일기 예보
> 사회 5학년 1학기 2. 우리가 사는 지역/5학년 1학기 3. 환경 보전과 국토 개발/6학년 2학기 2. 함께 살아가는 세계

중국 북부와 몽골의 사막 또는 황토 지대의 작은 모래·황토·먼지 등이 모래폭풍에 의해 높은 상공으로 올라가 떠다니거나 공기 위층에서 발생하는 편서풍을 타고 멀리까지 날아가 떨어지는 현상을 말한다.

우리나라에서 경험하는 황사는 중국 중부의 황토고원지대, 중국 신장성의 타클라마칸(위구르어로 '들어가면 나올 수 없는')사막, 동부 내몽골의 커얼친사막 및 고비(몽골어로 '풀이 자라지 않는 땅') 사막과 닝샤후이족자치구의 텅거리사막을 중심으로 한 4개 지역에서 발생하여 우리나라로 날아온 것이다. 발원지에서 우리나라까지의 이동 시간은 대개 2~3일 정도 걸리는 것이 보통이다.

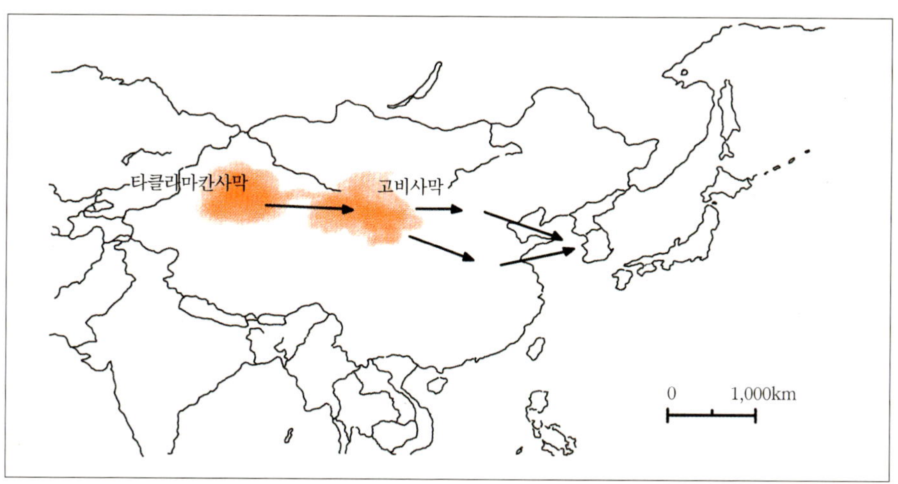

최근 황사는 그 빈도도 잦고 정도도 심해지고 있다. 이는 지난 수백 년 동안 원시 사막으로부터 주변부로 산림의 파괴, 가축의 과방목, 인구 증가에 따른 경작지 확대, 토양의 알칼리화로 사막화가 진행됨에 따라 그 피해가 점점 더 심각해지기 때문이라고 한다. 특히, 1950년대에 시작한 중국의 대약진운동으로 산림을 대규모로 파괴한 것이 상황을 더 악화시켰다는 주장도 있다. 또한, 몽골은 국토의 90%가 사막화될 위험에 처해 있다고 하며, 중국 초지의 일부가 매년 사막으로 변하고 있어 이에 대한 근본적인 대책이 필요하다. 이와 관련하여 우리나라의 기업과 사회단체들이 몽골 지역의 사막화를 방지하기 위하여 매년 방문하여 나무를 심는 등 적극적인 활동을 하고 있다.

호흡기 질환 : 황사가 시작되면 한 사람이 흡입하는 먼지는 평상시의 3배에 이르며 각종 금속 성분도 2~10배 많아지므로 기관지염이나 천식을 악화시킨다. 공기 중의 황사가 폐로 들어가면 기도 점막을 자극해 정상적인 사람도 호흡이 곤란해지는 등 위험한 상태에 빠질 수 있다. 게다가 황사가 이동하는 도중에 공업 지대 등을 통과하면서 오염 물질을 흡수하게 된 미세먼지로 인해 더욱 더 위험성이 증가하여 심각한 호흡기계 질환을 일으킬 수 있다. 특히 알레르기성 천식 환자는 황사 내 알레르기 원인 물질이 기관지 점막을 자극해 증상을 악화시킬 수 있으므로 황사 현상이 예보되었을 때에는 기관지 확장제 등 천식 증상 완화제를 휴대하는 것이 좋다.

알레르기성 결막염 : 황사에 들어 있는 규소, 구리, 납, 카드뮴 등의 중금속과 먼지로 인해 자극성 결막염, 알레르기성 결막염, 안구건조증 등이 유발될 수 있다. 이때 증상은 눈이 가렵고 눈물이 많이 나며 충혈되는 것이 특징이다. 주의할 점은 눈이 가렵다고 절대 손으로 비비지 말고 깨끗한 손수건이나 물로 씻어 내도록 하며 외출 후에는 반드시 미지근한 물 등으로 눈 주위와 얼굴을 씻도록 한다.

과민성 비염 : 두통과 함께 코가 막히고 재채기를 동반한 맑은 콧물이 나오면 알레르기성 비염을 의심할 수 있다. 특히 봄철에는 꽃가루 등으로 인해 증상이 악화되기도 하지만 황사에 의해서도 영향을 받는다. 따라서 건조하고 바람이 많이 부는 날, 또는 황사가 발생할 것으로 예보된 때에는 외출할 때 마스크를 착용하는 것이 좋다. 예방 목적으로 코 안에 뿌리는 분무제도 도움이 된다. 증상이 심한 사람은 항히스타민제 등 약을 복용한다. 개인에 따라 졸음이 나타날 수 있으나 최근에는 부작용이 적으면서 장기 복용해도 안전한 약이 많이 개발되어 있다.

황사 대처 이렇게

- 천식, 폐질환 환자 외출 자제하기
- 외출 시 마스크 착용하기
- 가급적 보안경을 착용하기
- 눈을 비비지 말기
- 가습기를 이용해 실내 습도 높이기
- 외출 후 양치질, 세수는 깨끗이

- 천식 환자 기관지 확장제 항상 휴대
- 코로 숨 쉬기
- 콘택트렌즈 사용을 자제하기
- 수분을 많이 섭취하기
- 외출할 때 크림 등으로 피부 보호

학교숲 잔치를 열어요

🌱 초등 전학년　🕐 5차시　🏫 학교숲 전체(식재 장소)　☺ 봄

이런 활동이에요

나무 심기 행사 및 잔치를 학부모들과 학생들이 함께 준비하고 진행하고, 나무 심는 방법 등에 대해 의논해 보고 체험해 본다. 이때, 지역 사회 구성원들이 함께 참여할 수 있다.

- **관련 교과** : 과학, 도덕, 실과
- **교수·학습 방법** : 실습, 조사
- **주제** : 학교숲과 관계 맺기
- **활동 목표** : 지식, 인식, 기능

활동 목표

- 학교숲이 학생들만의 것이 아니라 지역 사회의 것이 될 수도 있음을 인식할 수 있다.
- 나무를 어떻게 심고 관리해 주어야 하는지 알 수 있다.
- 나무 심기 행사 및 잔치를 통해 학교숲과 관계 맺기를 시도한다.

이런 것이 필요해요

1. 나무 심기 행사 및 학교숲 잔치 준비하기

① 학급별로 또는 학교 전체로 주말을 이용하여 학부모들과 함께할 수 있는 나무 심기 행사 및 학교숲 잔칫날을 정한다.

② 나무 심기 행사와 학교숲 잔치를 위해 필요한 것이 무엇인지 의논해 본다.

③ 우리 반 나무를 심을 장소를 찾아 간이 표지판으로 표시해 둔다.

④ 나무 심기 행사와 학교숲 잔치에 맡을 역할을 각자 분담한다.

⑤ 엄마, 아빠 등 가족들을 위한 초대장을 만든다. 지역 사회 주민들을 대상으로 할 경우에는 이들을 대상으로 한 초대장을 만든다.

⑥ 나무 심기에 필요한 도구들을 어디에서 구할 수 있을지 의논해 보고 준비한다.

⑦ 학교숲 잔치를 위한 1~2시간 정도의 프로그램을 준비한다.

2. 나무 심기 준비

① 우리 가족이 심을 나무를 의논하여 정한다.

② 가족 나무의 특성과 형태, 성장 속도 등에 대해 함께 조사해 본다.

③ 나무를 심는 방법에 대해 조사해 본다.

구덩이 파기

옮겨 심기

가지 자르기

멀칭하기(덮어 주기)

④ 친구들은 어떤 나무를 심기로 했는지 의견을 교환하고, 어느 자리에 심을 것인지 표시해 둔다.

⑤ 나무 이름표를 준비한다(가족 이름, 나무 이름, 심은 날짜, 간략한 특성 등).

3. 나무 심기 행사와 학교숲 잔치

① 진행자의 시작 선언과 함께 행사를 시작한다.

② 선생님은 나무 심기 행사와 학교숲 잔치의 의미에 대해 간략히 설명해 준다.

③ 학교숲으로 나가 미리 정해 둔 위치에 가족 나무를 심는다.

④ 나무를 심고 그 앞에 미리 준비한 나무 이름표를 꽂는다.

⑤ 가족 나무에 대한 앞으로의 기대와 바라는 점 등에 대해 이야기해 본다.

⑥ 미리 준비한 학교숲 잔치를 시작한다.

① 나무 심기 행사를 가족들과 함께함으로써 학교숲은 학생들만의 숲이 아닌 지역과 가족의 숲임을 느끼게 한다.
② 나무 심는 방법과 관리 방법, 각종 기구 사용 방법 등에 대해 익힐 수 있다.

활동 도우미

① 가족 나무 심기에 대해 학생들이 집에서 충분히 가족들과 함께 의견을 나눌 수 있도록 지도한다.
② 호미나 낫 등의 날카롭고 위험한 기구들은 학생들이 다루지 않도록 주의시킨다.
③ 나무를 심은 후 충분히 물을 줄 수 있도록 한다.

교육 과정과의 연계성
슬기로운 생활 2학년 1학기 2. 살기 좋은 우리 집
실과 6학년 2. 아름다운 환경 가꾸기

나무 심기 행사와 학교숲 잔치에 초대할 가족들에게 보낼 초대장을 만들어 봅시다.
초대장에는 행사 날짜와 시간, 장소, 가족들에게 하고 싶은 말 등을 포함합니다.

나무를 심는 방법에 대해 알아봅시다.

① 나무 심을 구덩이 파기
- 나무 심기는 일반적으로 3월 중순부터 4월 중순까지가 가장 적당한 시기이다.
- 나무 심을 곳과 심을 간격을 정하고 구덩이 팔 곳을 표시해 둔다.
- 나무 심을 구덩이의 넓이는 나무뿌리가 여유 있게 뻗을 만한 크기로 만드는 것이 보통인데, 나무뿌리 직경의 2배로 한다.
- 대형목의 경우는 사람이 들어가 작업할 수 있도록 여유 공간이 60cm 이상 되도록 한다.
- 구덩이의 깊이는 나무뿌리가 뻗어 나가는 정도를 고려하여 구덩이 넓이와 거의 같게 하고, 흙이 딱딱할 경우에는 이보다 약 15cm 정도 더 깊게 판 다음 흙을 채워 다진다.
- 구덩이의 흙이 마르지 않도록 가능한 식재 직전에 파거나 흙이 마르지 않게 덮어 두어야 한다.

② 나무의 방향을 잡고 세우기
- 먼저 나무를 구덩이에 넣기 전에 가지가 자란 방향이나 모양 등을 살펴보고 어느 방향으로 집어넣을 것인지를 결정한다.
- 나무를 구덩이에 넣을 때에는 나무뿌리를 직접 잡아 들어 올리지 말고 빗면이 될 수 있는 나무판자나 널빤지를 이용하여 조심스럽게 밀어 넣는다.
- 나무뿌리에 붙어 있는 맨 위쪽 흙이 지표면과 같은 높이가 되는지 맞추어 보고, 나무가 비뚤어지지 않고 곧게 서 있는지 확인한다.

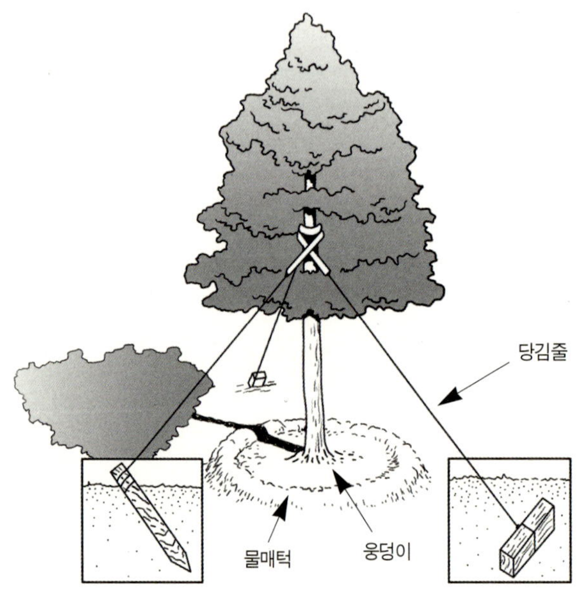

③ 흙 채우기

- 구덩이에서 나온 흙은 버리지 말고 옆에 쌓아 두어 잘 보관했다가 다시 사용한다.
- 이때 흙이 너무 마르지 않도록 흙더미 위에 젖은 짚을 덮거나 기타 흙이 마르지 않게 하는 조치를 취해 놓는다.
- 나무뿌리 맨 위쪽 흙이 지표면과 같은 높이가 되었는지 확인하면서 흙을 구덩이의 1/3가량 채우고 다진 다음 다시 흙을 넣는다.
- 지표면과 같은 높이가 되도록 흙 채우기를 하고 나무에 물 주기를 하기 위해 나무 주변으로 동그랗게 웅덩이를 만든다. 이때 나무뿌리의 맨 가장자리보다 더 바깥쪽에 흙을 돋우어 물매턱을 만들고 물을 충분하게 준다.

④ 가지치기

- 나무를 옮겨 심고 자리를 잡으면, 묶여 있는 가지를 풀어 주고 부러진 가지, 약한 가지, 병든 가지 등을 먼저 제거하고 나무의 모양을 고려하여 가지치기를 실시한다. 단, 나무를 옮겨 심기 전에는 되도록 가지치기를 적게 하여 나무가 스트레스를 많이 받지 않게 하는 것이 좋다.

⑤ 지표면 덮어 주기

- 나무 심기가 끝나면 볏짚, 우드칩, 솔잎 등으로 지표면을 덮어 물을 충분히 준 후 수분이 증발하는 것을 막는다. 단, 너무 두껍게 지표면을 덮어 주면 뿌리가 호흡하는 데 지장을 줄 수 있으므로 적당히 덮어 주도록 한다.
- 또한 볏짚, 우드칩, 솔잎 등이 아닌 잔디 등의 지피식물을 덮어 주면 식물이 수분과 영양분을 빼앗기 때문에 바람직하지 않다.

수목의 식재

① 구덩이는 뿌리분 직경의 2배 정도 파내고 퇴비와 파낸 흙을 섞어 준다.

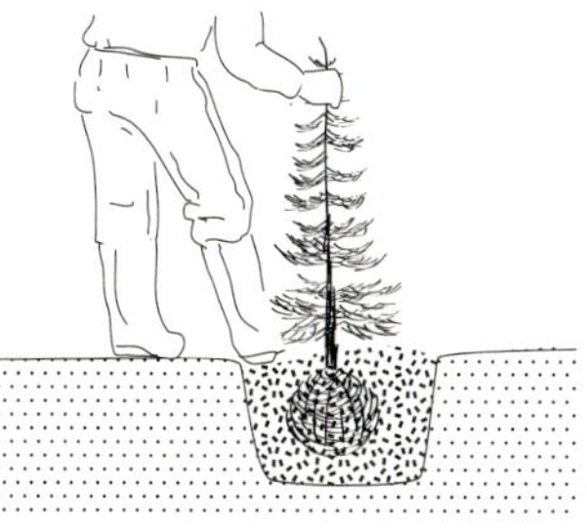

② 뿌리분이 손상되지 않도록 밟아 준다.

③ 물을 준 다음 멀칭재료로 덮어 주고 지주목을 세운다.

*출처 : 전영우 외, 1999, 숲이 있는 학교, p.181.

아낌없이 주는 나무

이런 활동이에요

나무와 관련된 독서 교육을 통해서 학생들의 감수성과 상상력을 함양시킬 수 있다. 또한 책의 내용과 학교숲과의 관련성을 탐색해 보는 과정을 통해 학교숲에 있는 나무들에 대해 좀 더 자세히 알 수 있고 나무의 효용을 느낄 수 있다.

- **관련 교과** : 국어
- **교수·학습 방법** : 조사, 쓰기
- **주제** : 학교숲과 생태계, 학교숲에서 보물찾기, 학교숲 알기
- **활동 목표** : 지식, 태도, 인식, 기능

활동 목표

- 자원으로서 나무의 가치를 알 수 있다.
- 소설을 통해 나무의 기능에 대해 알 수 있다.
- 학교숲에 있는 나무들을 기능에 따라 분류할 수 있다.

이런 것이 필요해요

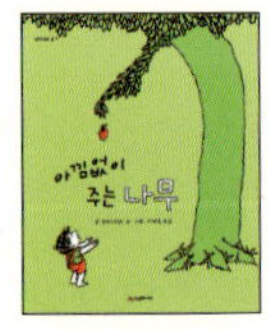

『아낌없이 주는 나무』 책(ⓒ 시공주니어)

① 소설 『아낌없이 주는 나무』(쉘 실버스타인 작)를 읽는 시간을 갖는다.

   가. 책을 가져오게 하거나 도서실 등에서 책을 빌려 준비한다.

   나. 책을 구하지 못한다면, 소설의 내용이 짧기 때문에 교사가 책 내용을 파워포인트 파일에 담아 와서 보여 줄 수 있다.

   다. 또는 직접 교사가 소설을 읽어 줄 수도 있다.

② 학생들을 적절한 수의 모둠으로 나누고 학생들에게 활동지를 나누어 준 후 이를 작성하도록 한다.

③ 모둠별 활동지 작성이 끝나면, 활동지의 질문 내용을 바탕으로 모둠의 대표가 이를 발표하게 한다.

④ 각 모둠의 발표를 듣고 토론 시간을 갖는다.

⑤ 발표 시 교사는 감상에 대한 부분은 개입하지 말고 나무의 기능 중에 잘못 이해된 것이 있으면 이야기해 주도록 한다.

기대 효과

① 나무에 관한 책 읽기를 통해서 자원으로서 나무의 가치를 쉽게 이해할 수 있다.
② 환경 교육에 독서 교육을 도입하는 것은 학생들로 하여금 환경에 대해 쉽게 이해하고 스스로
   생각해 보는 기회를 제공하고, 환경 교육에서 중시하는 개념이나 태도를 내면화할 수 있는 기
   회를 제공한다.

활동 도우미

① 학생들이 책을 읽고 스스로 생각할 수 있는 시간을 충분히 주도록 한다. 만약 학생들의
   반응이 교사가 기대했던 방향과 다르게 나타나더라도, 교사가 학생들에게 정답을 강요
   하지 말고 학생들의 생각을 통해 깨달을 수 있도록 질문을 던지며 유도하는 방식으로
   접근하도록 한다.
② 학생들의 인지 수준에 따라 독서 시간과 토론 시간을 적절히 조절할 수 있다.
③ 나무의 기능에 대한 수업을 할 때 나무를 인간이 이용하는 도구적 가치로만 인식하지
   않도록 유의해야 한다.

교육 과정과의 연계성
국어(읽기) 2학년 2학기 4, 마음을 주고받으며
국어 4학년 1학기 3. 이 생각 저 생각

『아낌없이 주는 나무』(쉘 실버스타인 작)를 읽고

날짜: 월 일	학년 반 번	이름 :

♤ 소설 『아낌없이 주는 나무』를 읽고 난 후, 자신이 느낀 바나 깨달은 바를 적어 봅시다.

♤ 소설 『아낌없이 주는 나무』를 읽고 다음의 물음에 답해 봅시다.

소설에서 나무는 소년에게 (   )을 주었습니다. 다음의 우리 학교숲 나무들 중 우

리에게 (   )을 줄 수 있는 나무들에는 어떤 나무들이 있는지 찾아봅시다.

1. 놀잇감(나뭇잎)―낙엽이 지는 나무를 찾아봅시다.

2. 휴식처(나무그늘)―넓은 잎, 큰 키를 가진 나무를 찾아봅시다.

3. 사과(열매)―열매를 맺는 나무를 찾아봅시다.

4. 집과 배(나뭇가지와 줄기), 의자(나무 밑동)—굵은 줄기의 나무를 찾아봅시다.

〔학교숲에 있는 나무들〕(각 학교숲에 맞게 목록을 작성하도록 합니다.)
향나무, 호두나무, 회화나무, 측백나무, 진달래, 자작나무, 잣나무, 은행나무, 사과나무, 상수리나무, 소나무, 오동나무, 왕벚나무, 신갈나무, 산수유, 버드나무, 밤나무, 모과나무, 느티나무, 단풍나무, 나무수국, 개살구

5. 소설 속에서 나무는 소년에게 아낌없이 많은 것을 주었습니다. 그러면 소년은 나무에게 무엇을 해 주었습니까?

6. 앞선 활동에서 우리 학교숲에 있는 나무들도 여러 기능적인 측면에서 아낌없이 줄 수 있는 나무들이라는 것을 알았습니다. 내가 소년이라면, 우리 학교숲에 있는 나무들에게 어떤 것을 해 줄 수 있을지 그 실천 방안에 대해 적어 봅시다.

나무가 아파해요!

🌱 초등 전학년 🕐 2차시 🏫 학교숲 전체(식재 장소) ☺ 봄

이런 활동이에요

봄을 맞는 학교숲의 나무들을 살펴보고 병충해를 입은 나무들을 찾아본다. 나무도 사람처럼 아프고 병들고 때로는 죽기도 하는 여러 가지 변화를 알아보며, 아픈 나무들을 찾아보는 방법과 그 증상을 알아보도록 한다.

- **관련 교과** : 실과
- **교수·학습 방법** : 실습, 관찰, 조사, 그리기
- **주제** : 학교숲 알기
- **활동 목표** : 지식, 기능, 태도

활동 목표

- 나무들을 관찰하면서 병충해나 동해(凍害)를 입은 나무들의 증상 등을 이해한다.
- 병충해나 동해를 치료할 수 있는 방법에 대해 안다.
- 나무를 직접 관리하면서 학교숲과 보다 친밀감을 갖고 주인의식을 갖는다.

이런 것이 필요해요

식물도감

수목관리도감

종이와 연필

사진

목장갑

① 교실에서 나가기 전, 사람들이 아프거나 몸이 약할 때 나타나는 증상들에 대해 이야기해 보도록 한다.

② 사람들이 아프거나 몸이 약해지는 원인에 대해 이야기해 보고, 그럴 때 우리는 어떻게 치료하는지에 대해 생각해 본다.

③ 학교숲에서 겨울을 보낸 나무들을 살펴본다.

④ 겨울을 보낸 나무들 중 볏짚을 덮고 있는 나무나 그 밖의 동해 방지를 위한 조치를 하고 있는 나무들을 조사한다.

⑤ 활동자료를 나눠 주고, 나무가 병들었을 때 일어나는 증상들에 대해 설명해 준다.

⑥ 나무의 잎과 가지 등의 색깔과 모양 등을 자세히 보고, 병충해를 입은 나무들이 있는지 조사한다.

⑦ 병충해를 입거나 겨울 동안 동해를 입은 나무들을 기록하고 그 증상을 자세히 적고 특징을 그려 본다.

기대 효과

① 봄을 맞은 나무들을 관찰하고 조사하면서 나무의 병충해에 대해 이해하고, 직접 수목 관리에 참여함으로써 학교숲에 대한 애착을 높인다.
② 나무도 사람과 똑같이 아프고 병들 수도 있으며, 보살펴 주고 관리해 주어야 할 대상이라는 것을 깨닫는다.

 ## 활동 도우미

① 나무의 병증이나 병충해의 원인을 찾는 것은 매우 어려운 일이다. 그러므로 병증과 병충해 자체가 활동의 주안점이 되지 않도록 유의한다.
② 활동지를 통해 간단한 방법으로 건강하지 못한 나무를 찾는 방법에 대해 미리 알려 주고, 아픈 나무를 어떻게 돌봐 주는 것이 좋은지에 대해 토론해 보도록 한다.

교육 과정과의 연계성
슬기로운 생활 1학년 2학기 4. 우리들의 겨울맞이/2학년 2학기 4. 겨울을 따뜻하게 보내려면
실과 6학년 2. 아름다운 환경 가꾸기

학교숲을 자세히 둘러보면서 겨울을 지내는 동안 병든 나무들이 있는지 찾아봅시다.

① 나뭇가지나 나뭇잎 색깔 또는 모양이 이상한 나무를 찾아 자세히 그려 봅시다.

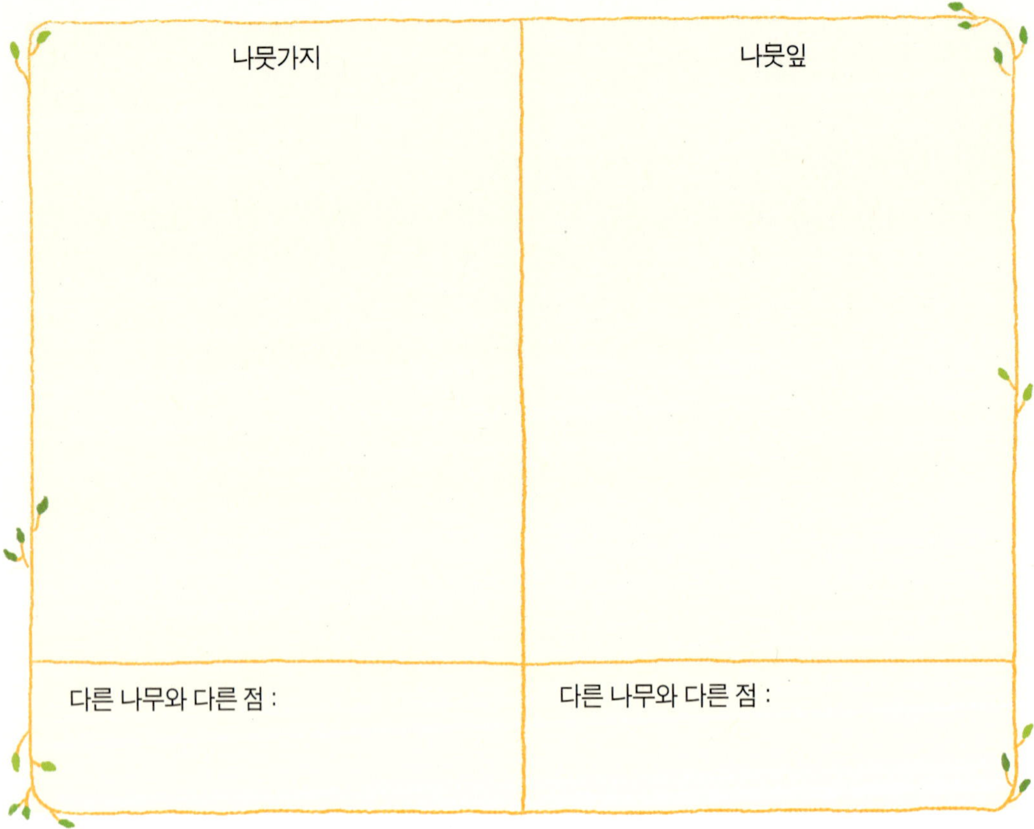

② 겨울을 나기 위해 덮어 주었던 볏짚을 아직 풀지 않은 나무들을 찾아 위치와 종류를 알아봅시다.

나무가 다른 나무와 다른 증상(색깔이나 모양, 형태, 혹 등)들이 나타나면 병충해를 입었을 가능성이 아주 많습니다.

다음의 증상들은 여러 가지 원인이 있지만, 주로 아래와 같은 원인에 의해 나타납니다. 그러나 정확한 증상은 전문적으로 나무를 관리하시는 분들의 자세한 검사를 통해 밝힐 수 있습니다.

우리는 나무의 잎을 보면서 나무가 병들었는지 아닌지에 대해 알 수 있습니다. 다음의 나뭇잎에 나타나는 증상들을 통해 나무가 왜 아픈지에 대해 알아봅시다.

① 나뭇잎에 구멍이 생기면서 울퉁불퉁할 때

여름에 그런 증상이 나타날 때는 벌레가 잎을 갉아먹고 있는 것으로 의심할 수 있지만, 봄에 증상이 나타났다면 싹이 트는 시기에 온도가 낮아서 영향을 받았을 수 있습니다.

② 나뭇잎이 갑자기 갈색이나 검은 색으로 변할 때

서리가 갑자기 내리면 나타나기 쉬운 증상입니다. 봄철에 갑작스럽게 더운 날이 오면 나타나기도 하며, 만약 온도에 이상이 없었다면 나뭇잎이나 줄기에 문제가 생긴 것으로 보면 됩니다.

③ 나뭇잎에 점무늬가 생길 때

벌레나 진드기가 갑자기 많아지면서 증상이 발생하는 경우가 대부분입니다. 비료나 살충제를 뿌리면서 잎을 오염시켜 발생하기도 합니다.

④ 나뭇잎 가장자리가 갈색으로 변할 때

수분이 부족하거나 너무 높은 온도로 나무가 스트레스를 받게 되면 나뭇잎 가장자리는 갈색으로 변합니다. 가끔 나무 주변의 염분으로 인해 뿌리나 나무줄기의 피해로 나타나기도 합니다.

⑤ 갑자기 잎이 떨어질 때

건조한 기간 중에 안쪽 잎이 떨어지거나 나무 전체를 통틀어 몇 개 정도의 나뭇잎이 떨어지는 경우는 별로 문제가 되지 않습니다. 그렇지만 한 가지 잎이 한꺼번에 떨어지고 다른 가지의 잎이 순서대로 떨어지는 형태를 보이면 나무좀벌레 등에 의한 병이 발생해 나무의 수분 공급 시스템에 문제가 생겼다는 신호입니다.

⑥ 녹색이 옅어지고 잎이 노랗게 될 때

철분이나 마그네슘 부족 등과 같이 무기 영양물질이 균형 있게 공급되지 않을 때 발생합니다.

⑦ 잎이 뒤틀리거나 이상하게 변할 때

대부분 나무 주변에 뿌렸던 제초제가 나무로 흘러들어 오면서 발생하지만 병해충이나 가끔씩 저온 피해가 비슷한 증상으로 나타나기도 합니다.

⑧ 나뭇잎이 너무 때 이르게 색이 들면서 떨어질 때

나무 기둥이나 뿌리에 손상을 입었을 때 나타나는 심각한 증상입니다.

①

②

③

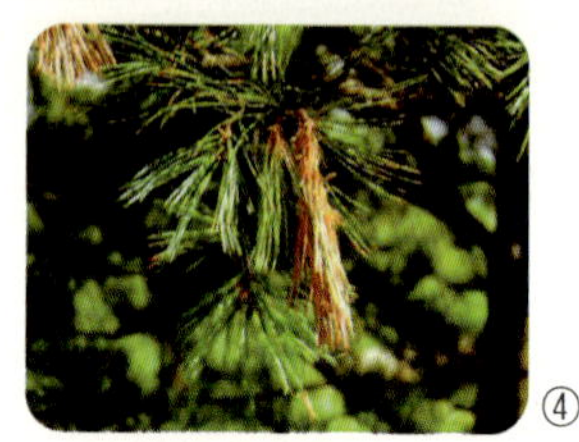

④

① 디프로디아의 피해
② 흰가루병의 피해
③ 부란병의 피해
④ 장미잿빛곰팡이의 피해
*사진 출처 : 전영우 외, 1999, 숲이 있는 학교, pp. 226~227.

지렁아, 지렁아! 집 줄게

🌱 초등 전학년　⏰ 3차시　🏫 학교숲(학교숲에 별도로 마련된 장소)　☺ 봄

이런 활동이에요

학교숲의 한쪽 공간에 비닐하우스나 소규모 밀폐 공간을 마련해 지렁이가 살 집을 만들어 주고 키워 보면서 지렁이는 결코 혐오스러운 동물이 아니라 친근한 동물임을 알게 되는 활동이다. 또한 작은 생명의 소중함과 각각이 지니고 있는 역할 등에 대해 알아본다.

- **관련 교과** : 과학, 실과
- **교수·학습 방법** : 실습, 조사, 관찰
- **주제** : 학교숲 알기, 학교숲과 생태계
- **활동 목표** : 지식, 인식, 기능

활동 목표

- 생태계 내 작은 동물의 중요성을 알고 느낀다.
- 지렁이 집을 만들면서 지렁이가 살아 가는 환경과 생활습성 등에 대해 이해한다.

이런 것이 필요해요

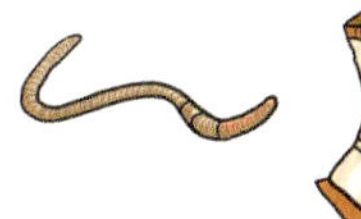

지렁이

배양토

어두운 비닐하우스 또는 밀폐 공간

음식물 쓰레기

상자 덮개

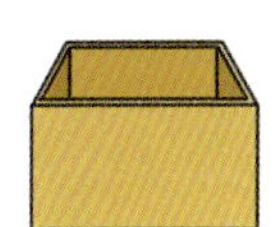

지렁이 상자 (나무 상자가 좋음)

① 나무 상자나 유약을 칠하지 않은 토기를 준비한다.

② 상자 깊이는 약 30~40cm 정도가 적당하고, 크기는 먹이로 주어질 음식물 쓰레기
의 양과 지렁이 수에 따라 달라진다.(1일 약 1.2kg의 음식물 쓰레기가 주어진다면,
상자 면적을 약 2.4m² 정도로 한다.)

③ 나무 상자에 축축한 흙(배양토)을 상자의 반 정도 되도록 담아 준다.

④ 통풍이 잘 되도록 상자 옆면에 위에서 7~8cm 정도 위치에 1~2mm 정도의 구멍
을 몇 개 뚫는다.

⑤ 상자 뚜껑을 만들어 배양토와 지렁이를 넣고 덮어 준다.

기대 효과

① 지렁이와 같은 작은 생물이 쓸모없고 더러운 동물이 아님을 깨닫게 해 준다.
② 지렁이가 살 집을 만들어 주면서, 작은 생물에 대한 소중함과 친근함을 갖는다.
③ 지렁이는 냄새나고 처치하기 힘든 음식물 쓰레기와 흙 속의 유기물을 먹이로 삼아 퇴비를 생산해 내는 과정을 생활사로 삼는 동물임을 알고, 생활에서의 순환과 재활용 등과 같은 개념을 이해한다.

활동 도우미

① 지렁이 집을 만들 상자로 플라스틱과 같은 반환경적 제품을 사용하지 않도록 주의한다.
② 지렁이 집을 놓는 곳은 바람이 잘 통하고 어두운 곳으로 한다.
③ 지렁이 집을 만드는 것에 활동의 초점이 맞춰지는 것에 유의하며, 작은 동물에게 집을 만들어 줌으로써 갖게 되는 친밀감과 소중함을 갖는 데 주력하도록 지도한다.

교육 과정과의 연계성
슬기로운 생활 2학년 2학기 3. 주렁주렁 가을 동산
과학 5학년 1학기 9. 작은 생물

무럭무럭 자라요!

이런 활동이에요

지렁이 먹이로 공급되는 음식물 쓰레기를 통해 생활 속의 재활용 및 순환의 개념을 이해할 수 있도록 한다.

- **관련 교과** : 과학, 실과
- **교수·학습 방법** : 실습, 조사, 관찰
- **주제** : 학교숲 알기, 학교숲과 생태계
- **활동 목표** : 지식, 인식, 기능

활동 목표

- 지렁이를 직접 키워 봄으로써 지렁이의 생활사와 성장 과정을 살펴본다.
- 지렁이 먹이를 통해 재활용과 재생산 및 순환의 의미를 이해한다.

이런 것이 필요해요

지렁이 상자

음식물 찌꺼기

음식물 부식 상자

모종삽

① 지렁이 먹이를 준비한다.

　가. 지렁이의 먹이로 제공할 음식물 쓰레기를 준비한다.

　나. 음식물 쓰레기에 수분이 너무 많은 경우 수분을 제거해 준다.

　다. 염분이 너무 높은 경우에도 물로 세척해 염분기를 조절해 준다.

　라. 음식물 쓰레기를 부식 상자에 넣어 완전히 발효시킬 수 있도록 며칠 동안 그대로 둔다.

　마. 지렁이에게 먹이로 주기 전에 음식물 쓰레기가 어느 정도 발효 또는 부숙(腐熟, 썩어서 익음)된 상태인지 확인하고 준다. (지렁이는 음식을 먹지 못하고, 흙 속에서 분해가 된 후 먹기 시작하기 때문임.)

② 준비된 상자에 흙과 지렁이를 넣고 어둡게 한 후, 준비된 먹이를 주면서 키운다.

기대 효과

① 지렁이는 냄새나고 처치하기 힘든 음식물 쓰레기를 먹이로 삼아, 퇴비를 생산해 내는 과정을 생활사로 삼는 동물임을 알고 생활에서의 순환과 재활용 등과 같은 개념을 이해할 수 있다.

② 지렁이의 먹이를 준비하면서 우리 생활의 음식물 쓰레기가 얼마나 많은지를 깨닫고, 이 음식물 쓰레기가 어디로 갔을지를 생각해 볼 수 있다.

③ 지렁이와 같은 작은 생물의 소중함을 안다.

 ## 활동 도우미

① 부숙되지 않은 상태에서 음식물 쓰레기를 그냥 주지 않도록 한다.

② 지렁이가 먹을 수 있는 음식물 쓰레기와 먹을 수 없는 음식물 쓰레기를 구분하여 공급하도록 지도한다.

③ 음식물 쓰레기 제조 장소와 공급 장소에서 지렁이가 빠져나오지 않도록 주의한다.

④ 지렁이에게 주는 음식물 양과 음식물의 부숙 방법은 참고 자료를 활용한다.

1. 음식물 쓰레기 분쇄

지렁이가 먹을 수 있는 크기는 어느 정도 한계가 있다. 일반적으로 최대 크기를 약 3mm 이하로 보고 있으므로, 음식물의 크기가 큰 경우에는 어느 정도 분쇄하여 넣어 주는 것이 좋다. 그렇지만 너무 잘게 분쇄하여 주면, 음식물과 흙 사이에 공기가 원활하게 유통되지 못하므로 좋지 않다. 이렇게 되면 공기가 필요한 지렁이에게 매우 위험할 수 있으니 음식물 분쇄 크기를 잘 조절해야 한다.

2. 음식물 쓰레기 전처리

① 음식물 쓰레기의 염분

지렁이 먹이로 주는 음식물 쓰레기의 경우에도 염분이 지나치게 높은 것은 적당하지 않다. 염분이 높을 경우 지렁이에게 악영향을 미치므로 반드시 염분을 어느 정도 줄인 후에 먹이로 제공해야 한다. 이를 위해 물로 적당하게 세척하여 염분을 제거하여 주거나 흙, 톱밥과 적절히 섞어 준비한다.

② 수분 조절

음식물 쓰레기는 수분 함량이 약 80~90% 정도로 매우 높아 음식물 쓰레기 중량의 대부분을 차지하고 있다. 특히 음식물 쓰레기 수분을 줄이면 물속에 녹아 있던 염분의 양도 줄어들게 된다. 그러므로 수분을 어느 정도 뺀 후 먹이로 공급하는 것이 좋다.

③ 음식물 쓰레기의 발효 및 부숙

지렁이는 날음식은 먹지 못하고 흙 속에서 발효가 되어 어느 정도 분해된 먹이를 먹는 것이 보통이다. 따라서 지렁이가 먹이를 먹기 위해서는 음식물 쓰레기가 어느 정도 발효 또는 부숙되어야 한다.

음식물 쓰레기 중 야채나 과일 종류는 분해 시간이 빠른 반면, 탄수화물이 많은 밥이나 국수 종류 등은 분해가 매우 느리다. 또한 돼지고기, 소고기, 닭고기, 생선 등의 육류는 단백질이 많아서 분해 과정에서 상당한 악취가 발생하고, 쥐나 다른 동물들을 지렁이 용기로 유인할 수 있으므로 가급적 지제하는 것이 좋으며, 필요하다면 잘게 분쇄하여 톱밥과 적당히 섞어 주면 좋다.

참고 자료 2 지렁이에게 먹일 수 있는 음식물 쓰레기

• **지렁이 퇴비로 처리할 수 있는 것**

• **지렁이 퇴비로 처리할 수 없는 것**

• **지렁이가 싫어하는 것**

지렁아~ 놀자!

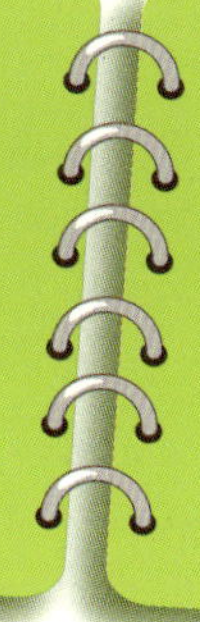

초등 저학년　🕐 1차시　🏫 교실　🙂 봄

이런 활동이에요

지렁이를 소재로 한 게임과 놀이를 해 봄으로써 지렁이라는 작은 생물에 대해 친근
감을 갖는다.

- **관련 교과** : 미술, 음악
- **교수·학습 방법** : 놀이(게임)
- **주제** : 학교숲 알기, 학교숲과 생태계
- **활동 목표** : 지식, 인식

활동 목표

- 지렁이를 소재로 한 놀이와 게임을 통해 지렁이에 대한 친근감을 갖는다.
- 지렁이 놀이를 통해 지렁이의 생태적 특성과 생육 환경 등을 이해한다.
- 오염되지 않는 땅에 사는 것은 사람이나 동물에게 모두 중요한 것임을 이해한다.

이런 것이 필요해요

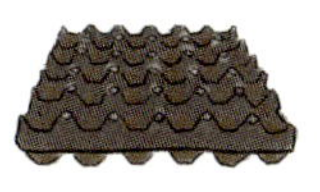

계란판

주사위 2개

말 2개

① 계란판을 계란을 꽂는 부분이 위로 가도록 위치시켜 놓은 뒤, 중간 지점의 4구멍 부분은 노란색으로 색칠하고, 나머지 부분은 이등분하여 빨간색과 연두색으로 채색한다.

② 노란색으로 칠한 부분에 '오염되지 않은 땅'이라는 숲 모양의 그림을 그려서 세운다.

③ 주사위에는 11부터 16까지 쓰고, 경우에 따라 12를 '8＋4'로 써 놓는 등의 형식으로 저학년 학생들이 덧셈을 할 수 있도록 한다.

④ 2개의 말 가운데 하나는 두더지, 또 하나는 지렁이로 써서 붙여서 게임을 위한 말로 사용할 수 있도록 한다.

⑤ 두 팀은 각각 주사위와 말을 정한다.

⑥ 두 팀이 동시에 주사위를 던져 숫자가 많이 나온 쪽이 각각 오염되지 않은 땅을 향해 한 칸씩 출발하도록 한다.

⑦ 한 칸씩 출발한 후 먼저 오염되지 않은 땅의 중심부에 도착한 팀이 이긴 것으로 한다.

① 지렁이에 대한 친근감을 가질 수 있다.
② 사람이나 작은 생물 모두 오염되지 않는 땅에 살아야 좋다는 것을 이해할 수 있다.

활동 도우미

① 경우에 따라 좀 더 흥미 있는 게임을 위해 계란판에 "두 칸 앞으로", 혹은 "한 칸 뒤로" 등의 보너스나 폭탄 코너를 마련할 수 있다.
② 지나친 경쟁으로 인해 게임의 원래 의도를 상실하지 않도록 주의시킨다.
③ 경우에 따라 '오염된 땅'이라는 환경 대신에 습기가 있는 땅, 혹은 지렁이가 먹는 음식을 주제로 하여 게임 주제를 달리할 수 있다.

교육 과정과의 연계성
음악 3학년 참새 노래/4학년 나물 노래/5학년 봄이 가고 여름 오면/6학년 둥당기타령, 쾌지나 칭칭 나네

지렁이랑 놀자(http://home.postech.ac.kr/)

이 사이트에는 지렁이를 소재로 한 연관 활동과 게임, 동화, 교구, 노래 등 각종 교육 활동이 개발되어 수록되어 있습니다. (아래 예시 참조)

활동명	지렁이 수수께끼	해당 영역	조작 영역
활동 목표	1. 아크릴판의 투명한 성질을 이용하여 연결 상태를 관찰할 수 있다. 2. 수수께끼 상자 바깥 부분에 드러난 지렁이의 몸체 부분과 전체의 관계를 이해할 수 있다. 3. 예측하는 활동을 통하여 사물에 대한 추리력과 민감성을 키울 수 있다.		
활동 자료	빈 상자, 색지, 아크릴판 2장, 다양한 색깔의 노끈		
제작 방법	〈수수께끼 상자와 노끈〉 1. 빈 상자를 테두리로부터 3cm의 여유를 남기고 양면을 칼로 도려낸다. 그런 뒤, 색지를 이용해서 마치 땅속의 굴 형태로 외형을 꾸며서 코팅한 뒤 상자에 붙인다. 상자의 윗면은 붙이지 않도록 하여 수시로 노끈의 연결을 달리하여 변화를 줄 수 있도록 한다. 2. 상자의 측면에 송곳을 이용하여 구멍을 뚫은 뒤에 노끈을 연결시킨다. 3. 지렁이의 머리 부분과 꼬리 부분은 동그란 형태로 말아서 잡아당겨 상자 안으로 빨려 들어가는 일이 없도록 한다. 4. 노끈의 연결지점은 뭉툭하여 연결한 것이 두드러지게 표시나지 않도록 한다.		
활동 방법	1. 수수께끼 상자를 검은 천으로 싼 뒤 지렁이의 머리와 꼬리 부분만 나오도록 한 다음, 한 명이 머리를 고르면 다른 아이는 머리와 이어지는 꼬리 부분을 맞춘다. 2. 검은 천을 벗긴 뒤, 투명한 수수께끼 상자를 통해 머리와 꼬리가 어떻게 연결되었는지 관찰한다. 3. 문제가 어려워지면 검은 천을 벗긴 상태에서 문제를 푸는 사람이 2명이 되도록 하고, 몸의 나머지 부분을 찾아내면 이기는 놀이이다.		

ⓒ 안은희

지렁이랑 놀자 중 지렁이 노래를 함께 불러 보고, 자기가 직접 지렁이를 주제로 한 가사를 만들어 보자.

지렁이 노래 가사 지어 보기

참고문헌_겨울·봄 편

외국 도서

American Forest Foundation (1996). *Project Learning Tree : Environmental Education Acitivity Guide Pre K–8*, 4th ed. American Forest Foundation.

Dean, J. (1999). *History in the School Grounds*; Learning Through Landscapes. Southgate Publishers Ltd. UK.

Hare, R., Attenborough, C., & Day, T. (1996). *Geography in the School Grounds*; Learning Through Landscapes. Southgate Publishers Ltd. UK.

Keaney, B. (1993). *English in the School Grounds*; Learning Through Landscapes. Southgate Publishers Ltd. UK.

Rhydderch-Evans, Z. (1993). *Mathematics in the School Grounds*; Learning Through Landscapes. Southgate Publishers Ltd. UK.

Thomas, G. (1992). *Science in the School Grounds*; Learning Through Landscapes. Southgate Publishers Ltd. UK.

국내 도서

손호경(2008), 『꼬물꼬물 지렁이를 키워봐』, 대교출판.

이경준, 이승제(2001), 『조경수 식재관리기술』, 서울대학교출판부.

인천구월서초등학교(2005), 『학교숲 재량활동 지도서–자연은 내 친구 4, 5, 6학년』.

최훈근(2001), 『토양생물 지렁이를 이용한 폐기물 활용』, 신광출판사.

기타 자료

- 정보통신부 우정사업본부 우표팀 제공–동식물 우표
- (사)에코붓다
  http://www.ecobuddha.org/activity/activity3.html
- 숲에On '산림교육 페이지'
  http://www.foreston.go.kr
- KBS '지렁이 키우는 법'
  http://www.kbs.co.kr 환경 스페셜 "도시에서 생태적으로 살기" 편.
- 지렁이랑 놀자
  http://home.postech.ac.kr/~kangnaru/aleicia/index2.html
- 천주교 수원교구 환경센터
  http://www.ecocatholic.co.kr/earthworm.php

1. 관련 교과

계절	목차	도덕(윤리)	국어(언어)	사회/지리	수학	과학	체육	음악	미술	실과
겨울	우리가 꿈꾸는 학교숲		♠						♠	♠
	우리 학교숲 캐릭터 만들기								♠	
	우리 학교에 나무가 없다면			♠		♠			♠	
	어젯밤 학교숲에…		♠							
	겨울에도 잎이 푸른 상록수					♠				
	추운 겨울을 이겨 내요!					♠			♠	
	새집 만들기					♠			♠	♠
	나무의 겨울눈 관찰하기					♠				
	내가 만든 학교숲 우표								♠	
	학교숲 신문 만들기		♠	♠		♠			♠	
	학교숲 안내 책자 만들기		♠	♠		♠			♠	
봄	제일 먼저 누가 나올까?					♠			♠	
	숲 속을 걸어요			♠					♠	
	나무는 무엇으로 심을까요?			♠						♠
	너는 내 친구	♠		♠		♠			♠	
	학교숲의 꿀벌이 되어 보자						♠			
	학교숲에서 무엇을 할까?				♠		♠			
	어라~ 달라졌네!			♠					♠	
	목이 아파요			♠		♠				
	학교숲 잔치를 열어요	♠				♠				♠
	아낌없이 주는 나무		♠							
	나무가 아파해요!									♠
	지렁아, 지렁아! 집 줄게					♠				♠
	무럭무럭 자라요!					♠				♠
	지렁아~ 놀자!							♠	♠	
여름	날씨를 알려 드리겠습니다					♠				
	비 오는 날		♠					♠	♠	
	빗물은 어디로 갈까?			♠		♠				
	바람을 막아 주는 숲					♠				
	이산화탄소는 어디로			♠	♠	♠				
	나무, 생물들의 호텔					♠				
	학교숲 먹이그물 게임					♠	♠			
	학교숲에서 도형 찾기				♠	♠				
	학교숲에서 수와 규칙 찾기				♠	♠				
	숲으로 물들이다								♠	♠
	숲 속의 비밀 찾아내기		♠							
	숲 속 아지트로의 초대		♠	♠		♠			♠	
	학교 ○○○ 지도 그리기			♠						
	학교숲 교환상자		♠	♠		♠				
가을	낙엽은 왜 질까요?					♠				
	단풍잎 손수건 만들기								♠	
	단풍잎 표본 만들기					♠			♠	
	울긋불긋 가을숲								♠	
	알아맞혀 봅시다					♠			♠	
	가을 열매들의 변신								♠	♠
	솟대를 만들어 봅시다			♠					♠	♠
	학교숲 소리 지도 그리기							♠		
	부엽토 만들기					♠				♠
	학교숲을 노래하자		♠					♠		
	내가 찍은 학교숲		♠	♠		♠		♠	♠	

2. 주제

계절	목차	학교숲 알기	학교숲과 생태계	학교숲과 관계 맺기	학교숲에서 보물찾기	학교숲과 주변 환경	학교숲과 우리 마을
겨울	우리가 꿈꾸는 학교숲			♠			♠
	우리 학교숲 캐릭터 만들기			♠			
	우리 학교에 나무가 없다면		♠			♠	♠
	어젯밤 학교숲에…			♠	♠		
	겨울에도 잎이 푸른 상록수	♠					
	추운 겨울을 이겨 내요!	♠	♠				
	새집 만들기				♠		
	나무의 겨울눈 관찰하기	♠					
	내가 만든 학교숲 우표			♠			
	학교숲 신문 만들기						♠
	학교숲 안내 책자 만들기						♠
봄	제일 먼저 누가 나올까?	♠	♠				
	숲 속을 걸어요	♠		♠			
	나무는 무엇으로 심을까요?			♠			
	너는 내 친구	♠		♠			
	학교숲의 꿀벌이 되어 보자	♠		♠			
	학교숲에서 무엇을 할까?			♠	♠		
	어라~ 달라졌네!	♠		♠			
	목이 아파요					♠	
	학교숲 잔치를 열어요			♠			
	아낌없이 주는 나무	♠	♠		♠		
	나무가 아파해요!	♠					
	지렁아, 지렁아! 집 줄게	♠	♠				
	무럭무럭 자라요!	♠	♠				
	지렁아~ 놀자!	♠	♠				
여름	날씨를 알려 드리겠습니다					♠	
	비 오는 날					♠	
	빗물은 어디로 갈까?					♠	
	바람을 막아 주는 숲					♠	
	이산화탄소는 어디로					♠	
	나무, 생물들의 호텔	♠	♠				
	학교숲 먹이그물 게임	♠	♠				
	학교숲에서 도형 찾기				♠		
	학교숲에서 수와 규칙 찾기				♠		
	숲으로 물들이다				♠		
	숲 속의 비밀 찾아내기			♠	♠		
	숲 속 아지트로의 초대			♠	♠		
	학교 ㅇㅇㅇ 지도 그리기			♠	♠		
	학교숲 교환상자			♠	♠		♠
가을	낙엽은 왜 질까요?	♠					
	단풍잎 손수건 만들기				♠		
	단풍잎 표본 만들기	♠			♠		
	울긋불긋 가을숲				♠		
	알아맞혀 봅시다	♠					
	가을 열매들의 변신				♠		
	솟대를 만들어 봅시다				♠		♠
	학교숲 소리 지도 그리기				♠		
	부엽토 만들기	♠					
	학교숲을 노래하자				♠		
	내가 찍은 학교숲				♠		♠

3. 활동 대상과 활동 장소, 활동 시간

계절	목차	저학년	고학년	실내(교실/실험실)	야외(학교숲/운동장)	1차시	2~3차시	4차시
겨울	우리가 꿈꾸는 학교숲		♠	♠	♠			♠
	우리 학교숲 캐릭터 만들기		♠	♠			♠	
	우리 학교에 나무가 없다면		♠	♠			♠	
	어젯밤 학교숲에…	♠	♠	♠			♠	
	겨울에도 잎이 푸른 상록수	♠		♠	♠		♠	
	추운 겨울을 이겨 내요!	♠	♠		♠	♠		
	새집 만들기		♠	♠	♠		♠	
	나무의 겨울눈 관찰하기		♠	♠	♠		♠	
	내가 만든 학교숲 우표	♠	♠	♠			♠	
	학교숲 신문 만들기		♠	♠				♠
	학교숲 안내 책자 만들기		♠	♠				♠
봄	제일 먼저 누가 나올까?	♠	♠		♠		♠	
	숲 속을 걸어요	♠	♠		♠		♠	
	나무는 무엇으로 심을까요?	♠	♠	♠		♠		
	너는 내 친구	♠			♠			♠
	학교숲의 꿀벌이 되어 보자	♠	♠		♠	♠		
	학교숲에서 무엇을 할까?		♠	♠	♠		♠	
	어라~ 달라졌네!	♠	♠		♠		♠	
	목이 아파요		♠	♠	♠	♠		
	학교숲 잔치를 열어요	♠	♠		♠			♠
	아낌없이 주는 나무		♠	♠	♠	♠		
	나무가 아파해요!	♠	♠		♠		♠	
	지렁아, 지렁아! 집 줄게	♠	♠		♠		♠	
	무럭무럭 자라요!	♠	♠		♠			♠
	지렁아~ 놀자!	♠		♠		♠		
여름	날씨를 알려 드리겠습니다		♠	♠	♠		♠	
	비 오는 날	♠		♠	♠		♠	
	빗물은 어디로 갈까?		♠	♠	♠		♠	
	바람을 막아 주는 숲		♠	♠	♠		♠	
	이산화탄소는 어디로		♠	♠	♠		♠	
	나무, 생물들의 호텔		♠	♠	♠		♠	
	학교숲 먹이그물 게임	♠	♠		♠		♠	
	학교숲에서 도형 찾기		♠		♠	♠		
	학교숲에서 수와 규칙 찾기		♠		♠	♠		
	숲으로 물들이다	♠	♠	♠	♠		♠	
	숲 속의 비밀 찾아내기		♠		♠		♠	
	숲 속 아지트로의 초대	♠	♠		♠		♠	
	학교 ㅇㅇㅇ 지도 그리기		♠	♠	♠		♠	
	학교숲 교환상자	♠	♠	♠	♠		♠	
가을	낙엽은 왜 질까요?		♠		♠	♠		
	단풍잎 손수건 만들기	♠	♠		♠		♠	
	단풍잎 표본 만들기	♠	♠	♠	♠		♠	
	울긋불긋 가을숲	♠	♠	♠	♠		♠	
	알아맞혀 봅시다		♠	♠	♠		♠	
	가을 열매들의 변신	♠	♠		♠		♠	
	숯대를 만들어 봅시다		♠	♠				♠
	학교숲 소리 지도 그리기	♠	♠		♠		♠	
	부엽토 만들기		♠		♠		♠	
	학교숲을 노래하자		♠		♠		♠	
	내가 찌은 학교숲		♠	♠	♠		♠	

4. 교수 학습 방법

계절	목차	관찰	조사	실험	토론	놀이/게임	창작	탐구	협동학습	프로젝트
겨울	우리가 꿈꾸는 학교숲		♠		♠		♠		♠	
	우리 학교숲 캐릭터 만들기						♠			
	우리 학교에 나무가 없다면				♠		♠			
	어젯밤 학교숲에…						♠			
	겨울에도 잎이 푸른 상록수	♠		♠						
	추운 겨울을 이겨 내요!	♠	♠							
	새집 만들기	♠					♠			
	나무의 겨울눈 관찰하기	♠								
	내가 만든 학교숲 우표						♠			
	학교숲 신문 만들기		♠		♠		♠			
	학교숲 안내 책자 만들기						♠			♠
봄	제일 먼저 누가 나올까?	♠	♠	♠			♠			
	숲 속을 걸어요	♠	♠				♠			
	나무는 무엇으로 심을까요?		♠		♠					
	너는 내 친구	♠	♠				♠		♠	
	학교숲의 꿀벌이 되어 보자					♠				
	학교숲에서 무엇을 할까?		♠							
	어라~ 달라졌네!	♠	♠				♠			
	목이 아파요		♠		♠					
	학교숲 잔치를 열어요		♠	♠						
	아낌없이 주는 나무		♠				♠			
	나무가 아파해요!	♠	♠	♠			♠			
	지렁아, 지렁아! 집 줄게	♠	♠	♠						
	무럭무럭 자라요!	♠	♠	♠						
	지렁아~ 놀자!					♠				
여름	날씨를 알려 드리겠습니다	♠	♠				♠			
	비 오는 날	♠					♠			
	빗물은 어디로 갈까?	♠	♠		♠		♠			
	바람을 막아 주는 숲	♠	♠							
	이산화탄소는 어디로		♠		♠					
	나무, 생물들의 호텔	♠					♠			
	학교숲 먹이그물 게임	♠	♠			♠				
	학교숲에서 도형 찾기		♠							
	학교숲에서 수와 규칙 찾기		♠							
	숲으로 물들이다	♠					♠			
	숲 속의 비밀 찾아내기	♠					♠			
	숲 속 아지트로의 초대	♠	♠				♠			
	학교 ㅇㅇㅇ 지도 그리기	♠	♠				♠			
	학교숲 교환상자									♠
가을	낙엽은 왜 질까요?	♠								
	단풍잎 손수건 만들기						♠			
	단풍잎 표본 만들기	♠					♠			
	울긋불긋 가을숲						♠			
	알아맞혀 봅시다	♠		♠			♠			
	가을 열매들의 변신						♠			
	솟대를 만들어 봅시다						♠			
	학교숲 소리 지도 그리기							♠		
	부엽토 만들기	♠		♠						
	학교숲을 노래하자						♠			
	내가 찍은 학교숲						♠			♠

5. 활동 목표

계절	목차	지식	인식	태도	기능	참여
겨울	우리가 꿈꾸는 학교숲	♠	♠		♠	
	우리 학교숲 캐릭터 만들기	♠	♠		♠	
	우리 학교에 나무가 없다면		♠	♠		
	어젯밤 학교숲에…	♠	♠	♠	♠	
	겨울에도 잎이 푸른 상록수	♠	♠		♠	
	추운 겨울을 이겨 내요!	♠	♠			
	새집 만들기	♠	♠		♠	
	나무의 겨울눈 관찰하기	♠	♠		♠	
	내가 만든 학교숲 우표	♠	♠		♠	
	학교숲 신문 만들기	♠	♠		♠	
	학교숲 안내 책자 만들기	♠	♠		♠	
봄	제일 먼저 누가 나올까?	♠	♠	♠	♠	
	숲 속을 걸어요	♠	♠	♠	♠	
	나무는 무엇으로 심을까요?	♠			♠	
	너는 내 친구	♠	♠	♠	♠	
	학교숲의 꿀벌이 되어 보자	♠	♠			
	학교숲에서 무엇을 할까?	♠	♠		♠	
	어라~ 달라졌네!	♠	♠	♠	♠	
	목이 아파요	♠	♠			
	학교숲 잔치를 열어요	♠	♠		♠	
	아낌없이 주는 나무	♠	♠	♠	♠	
	나무가 아파해요!	♠		♠	♠	
	지렁아, 지렁아! 집 줄게	♠	♠		♠	
	무럭무럭 자라요!	♠	♠		♠	
	지렁아~ 놀자!	♠	♠			
여름	날씨를 알려 드리겠습니다	♠	♠		♠	
	비 오는 날	♠	♠			
	빗물은 어디로 갈까?	♠	♠		♠	
	바람을 막아 주는 숲	♠	♠			
	이산화탄소는 어디로	♠	♠		♠	
	나무, 생물들의 호텔	♠	♠		♠	
	학교숲 먹이그물 게임	♠	♠			
	학교숲에서 도형 찾기	♠	♠			
	학교숲에서 수와 규칙 찾기	♠	♠			
	숲으로 물들이다	♠			♠	
	숲 속의 비밀 찾아내기		♠	♠	♠	
	숲 속 아지트로의 초대		♠	♠	♠	
	학교 ○○○ 지도 그리기		♠		♠	
	학교숲 교환상자		♠	♠		♠
가을	낙엽은 왜 질까요?	♠	♠		♠	
	단풍잎 손수건 만들기		♠		♠	
	단풍잎 표본 만들기	♠	♠		♠	
	울긋불긋 가을숲		♠			
	알아맞혀 봅시다	♠	♠			
	가을 열매들의 변신		♠		♠	
	솟대를 만들어 봅시다	♠			♠	
	학교숲 소리 지도 그리기		♠		♠	
	부엽토 만들기	♠	♠		♠	
	학교숲을 노래하자		♠	♠	♠	
	내가 찍은 학교숲		♠		♠